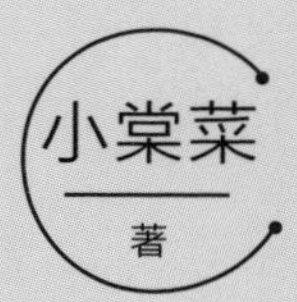
小棠菜
著

就爱你好好吃饭的样子

江苏凤凰科学技术出版社
国家一级出版社　全国百佳图书出版单位

心有小确幸，角落亦天堂

PREFACE　　自序

大约十年前，读大学时。

因着青春年少时的自由向往，很是烦躁于宿管阿姨的管制，便和小姐妹在学校附近租了个房子，通透的两室一厅，厨房清爽干净。

小姐妹的妈妈，据说曾是某大饭店老板家的四小姐，做得一手家传好菜，小姐妹虽没有深得真传，却也到底是受了几分熏陶的。

于是，在吃什么这件小事上，我也跟着讲究起来。

夏天，即便吃个过水凉面，也要做足了功夫：热的三种——西红柿炒蛋、红烧土豆块、素炒茄丁；凉的两种——黄瓜丝、葱白丝，将这五种菜码淋于面上，搅拌均匀，完成了此番仪式，才各自捧着海口大碗开吃。

她还教了我一道新吃食——炒馒头。足够多的圆白菜炒软，馒头切小方块，混在一起稍炒后加少量水，略添薄盐，加盖焖熟，真是别样的吃法。

学校附近小吃美食遍地，那时的厨房利用率不高。

可我没想到，那间厨房，几乎可算是之后六七年间内我能用到的最好厨房了。

大学毕业时，是最艰难的日子，和其他同学寻常的就业难不同，我家遭变故。

不忍老爸辛苦之余还要再为我奔波，放弃了他要给我安排工作的好意。从下定决心出去找工作到出发，我仅用了一天时间。

拖着个半人高的大箱子，我只身来到北京，投奔了两个善良的姑娘。

当时，她们住在西三环边上的城中村里。沿着西三环向东，拐进一条不起眼的小路，再穿过曲曲折折的狭窄巷子，路过热闹的菜市场，踩着满脚的尘土，就到了一个大院的门口。当然，所谓门口，连个像样儿的门都没有。

我曾在这段路程中数次迷路。

大院里面，是一条过道，过道两旁排列着低矮的平房，住满了外来务工者，我和那两个姑娘就住在其中一间。

到了饭点儿，每间平房门口的煤气罐便派上了用场，各家各户都挤在过道上施展拳脚。一时间，炝锅炒菜做饭的动静响彻大院。

白天，她们出去工作。我投完简历，就琢磨着能为两个好心的姑娘做点什么。

百无聊赖时，我就在城中村游荡。路过菜市场，买了新鲜的带鱼，一心谋划着要给她们做道好吃的，也不知此前从未做过肉菜的我何以有如此雄心。

幸运的是，在热情的房东大娘的亲自指挥下，以葱姜蒜和料酒腌制，小火煎至两面金黄，混合了生抽、老抽、醋淋入锅中，最后大火收汁，我人生中做的第一份红烧带鱼就出锅了。

两个姑娘下班回来后吃了个精光，并连连称赞。

那样可谓艰难的日子，我只能以这样微小的方式回报她们的好意。或许那时，我便已模模糊糊地领略到了下厨的真意。

找到第一份工作后，我结束了借宿生活，搬到南三环附近的一个城中村。

不到十平米的小屋，所有的家具就是一张单人床、一个小书桌，唯一的家用电器是妈妈为我买的小电锅。

搬到新家的第一个周末，请之前收留我的那两位姑娘来吃饭。

房间的一个小角落，就算作我的厨房。我用仅有的小电锅，做了三菜一汤，记得其中一道是排骨烧土豆。以最大的诚意，做了一顿堪称简陋的饭菜，可我的朋友没嫌弃。

从没告诉过她们，我是如此感激她们。她们的善意，让彼时孤单的我温暖无比。

如今，两个姑娘，一个嫁到了湖南，有个可爱的儿子；一个去了东北，再无联系，据说也过得幸福。感谢命运，没有亏待了善良的人们。

从那之后，我的厨房换过无数次，然而从未变化的，是我那颗沉溺于厨房的心。

后来，再和小姐妹合租时，我们常一起做好吃的西红柿鸡蛋疙瘩汤、炸酱面、青菜素面。搬出去自己住后，我会在早上出门前泡好各种米和豆类。下班回来，熬上一锅杂粮粥，然后边喝粥边看书、看电影，日复一日。

一个人的日子，有一碗热粥作陪，居然也不曾觉得孤单。

和老公结婚之后，租了间上世纪 80 年代的一居室。

老小区的生活气息浓厚，我们都极喜欢。当然，最主要的是房租便宜，当时正是工作不久、一穷二白的年纪。

白天，老式单元楼的树荫下、自行车棚边不知谁家贡献出来的旧沙发椅上，五六十岁的大爷大妈们三五成群，打牌下棋，戴着老花镜补衣物、床单，一派悠然，好不自在。

晚上，才是小区最热闹的时候。年轻人下班了，孩子们放学了，爷爷奶奶们牵着孙儿、孙女的小手，或是跟在他们的滑板车后忙不迭地喊着："慢点，慢点！"

年轻人聚在小区门口的露天烧烤店，烟熏火燎中，撸串喝酒，吹着孜然味儿的牛。

我怀孕后，大着肚子，和老公手牵手，像老夫老妻一样每到晚饭后散步遛弯儿，日子宁静幸福。

孕妇的口味才像孩儿脸，说变就变。

怀孕三个月时，胃口不好，见到新鲜的吃食才能打起点精神。下班回家，见老公居然没有叫外卖，而是特意拎来一条大鱼，挽起袖子要给我做好吃的红烧鱼。

这可真是难得，要知道，平时都是我下厨。

红烧鱼，最重要的一步是煎。没料到，煎鱼时油温过高，锅里起了火苗，火舌摇晃着向上，触到了糊在油烟机上的旧报纸。

旧报纸经过长年累月的熏陶，早已浸满了油烟，火势迅速蔓延开来。他手忙脚乱地盖锅盖、拔电源、撕报纸灭火，我听着动静跑过去，却吓得呆住了，帮不上半点忙。

把火灭掉后，厨房一片狼藉。他硬着头皮把那道红烧鱼做好，我却没了胃口。

惊魂未定的我俩，对坐在餐桌边，不知为什么，就是心酸得想落泪。

很多年后，他笑着回忆，为了防止老旧的油烟机滴油，竟然糊了易燃的旧报纸，少不经事、没有生活经验的我们，那时真是傻透了。

说完，两人却又为当年的傻气相视而笑。收入低微、租住老小区的日子，因为有彼此的陪伴，如今忆起仍是温情而美好。

之后，有了自己的小厨房。

再之后，有了稍大点的厨房。

条件越来越好，可自己动手喂饱自己、喂饱家人的心依旧。

一直以为，做饭是件私事。

与饭馆的流水线不同，家中的菜肴可谓“高端私人定制”。

何谓“私人定制”呢？做饭是个精细化作业的过程。手下忙碌着摘菜、切肉，心思也在不停转：家中几口，谁爱吃什么，谁忌口什么，谁最近上火要吃青菜，谁这个阶段该补充营养……盘算过了，心中也就列好了餐单。待到煎炒烹炸时，连油盐几分、火候几何，都无不是细思量过的。

如此普通的一日三餐，又为何称其“高端”呢？

只因为这份心思的珍贵啊！

厨间的几度思量，不留意，不知晓。

思量背后的心意，懂得了，才珍惜。

这些，除了家人与厚友，还有谁能给你呢？

高中时住校，隔一月才返家两日。每次离家前，母亲总是和面、剁馅、包饺子，不懂事的我偶尔抱怨，为什么每次都是饺子啊？长大了才懂，这是母亲在盼着我平安归家、早些团圆。

如今我也做了两个孩子的母亲，本能地，在一餐餐饭里，揉进自己不可言说的心意。

美食吗？不，不一定美，但一定是含着满满的心意。

不知我的一双小儿女——小新哥哥和小丸子妹妹，长大后是否也会怀念妈妈的味道呢？

细细回想，许多年来，不管环境如何变迁，我们都不约而同，自然地想到了用食物来慰藉自己、温暖彼此。

没有哪里比厨房更让我觉得温暖。

菜刀过处，当当当一片热闹；葱花下时，刺啦啦一声油烟起；火候到了，叮的一响面包出炉；烤箱门开，蛋糕甜香充盈满室；砂锅揭盖，土鸡汤香气扑鼻……

一对小儿女偶尔探班打闹着来去，老公（新丸爸）试图帮忙却笨拙不已，只有老妈是我永远的后援团。

厨房里，尽是踏实的人间烟火气。

好好喂饱自己，是我对自己好的方式。

好好喂饱我爱的人们，是我爱人的方式。

不管在怎样的境遇里，都不忘让自己过得更好，让我爱的人过得更好。这是少时的磨难留给我的珍贵礼物。

我想有所大房子，有很多很多的房间。

要有一间是厨房，可以照进清晨日出的第一缕阳光，烤箱、面包机、咖啡机整齐摆放，调料瓶乖乖列队。

要有一间是书房，一整面墙都是书，摆放着舒服的靠垫和软软的地毯，斜倚在阳台看书，太阳暖洋洋地晒在身上，困了就眯一小觉，初醒迷蒙中，可以听到孩子们游戏的欢笑。

如果都没有，你和孩子们陪着我就好。

给我一个拥抱，让我好好为你们做一餐饭。

心有小确幸，角落亦天堂，怀着一颗感知美好的心生活，这是我能给你们的最好回报。

目 录 CONTENTS

CHAPTER FOUR 为女

CHAPTER ONE

为友

BE A FRIEND

亲爱的姐妹，你陪我很多个四季，我只愿给你一个明媚的春天。不管什么时候，不管经历过什么，我们在一起，就是明媚的春天。

你陪我很多个四季，
我只愿给你一个明媚的春天

非常喜欢芬兰插画师 Inge Löök 的作品《Old Ladies》系列。描绘了两位曾是闺蜜、如今年迈的老太太，像年少时一样，两人顽皮地摘红苹果，在小径欢笑打闹，在客厅里跟着音乐舞蹈。

她们在温暖的小夜灯下，挤一张床读书谈心。

到公园野餐、躺在吊床小憩。

在屋前围着披肩对坐喝酒打牌。

在树下咬着棉花糖。

两人甚至一同窝在桌子下面，喝咖啡、吃甜点，说悄悄话。

在明亮的画面色彩里，不是老态龙钟，而是姐妹情深，两个老闺蜜生动活泼，神情一如少女。

闺蜜真是个特别的存在：不是亲人，没有血缘关系；不是爱人，没有那纸契约。

可你就是信任她、惦念她。

在一起时，同进同出，吃饭、看书、逛街，腻在一起永远都嫌不够。

各自成家后，一年半载难得见一次，每次见都恨不能重回少年时，聊通宵都

不舍得睡。

我和闺蜜之间的聊天记录是这样的：

闺蜜：我儿子，娃娃亲都约了三个姑娘了。

我：约了三个？那我家丸子妹妹就不说什么了。哼！

闺蜜：传家宝还是有几件的。

我：哦，那我让妹妹再努力一下。

电话两端的人都会心一笑。

平时总是插科打诨，相互调侃，却在她们结婚的时候哭成泪人。

这就是闺蜜。

老了以后，我们还这样吧！

亲爱的姐妹，你陪我很多个四季，我只愿给你一个明媚的春天。

不管什么时候，不管经历过什么，我们在一起，就是明媚的春天。

做一道给闺蜜的甜品吧。

抹茶的一抹青翠，就像闺蜜给我的感觉——永远那么清新自然。

With Eating

抹茶布丁

食材

牛奶……………………200 毫升

吉利丁粉……………………5 克

淡奶油……………………50 克

抹茶粉……………………7 克

细砂糖……………………25 克

做法

1. 吉利丁粉加入约 30 克凉开水，吸饱水后备用。抹茶粉加入 20 毫升牛奶，搅拌均匀至没有颗粒感。

2. 剩余牛奶与淡奶油混合，加入细砂糖，煮至砂糖融化，不用煮开。

3. 待牛奶溶液降至温不烫手后，加入抹茶溶液、吉利丁粉溶液，搅拌均匀。

4. 过筛两次，倒入模具或布丁瓶等小容器中。待放凉后，入冰箱冷藏4个小时以上即可。

5. 脱模：拿出冰箱放至常温后倒扣脱模，也可以用温毛巾包裹模具一会儿帮助脱模。当然啦，懒人的方法是——不脱模直接吃。

只想和你吃喝消磨，不谈聚散

俗语说，不是一家人不进一家门，我的一众小姐妹们，颇多爱吃能吃会吃之人。

一位姐姐是美食达人。北京、上海、香港、台北，凡是她常去的城市，哪里有好吃的，她如数家珍。

不得不说，点餐也是个技术活。某次同事聚餐，人事部门军人出身的大哥点了一桌肘子、猪蹄、红烧肉之类的硬菜，害得女孩子们叫苦不迭，男同事们欢呼雀跃。

而点餐的任务若交给这位姐姐，一定会荤素搭配、营养均衡，既养眼又美味，一桌菜式让人从胃里舒坦到心眼里。

聚餐如果有她在，我们乐得轻松，全权让她选址、点餐，准没错儿。

一直坚信，如果她往美食方向发展，必会造福一方吃货。

有位姐妹，突然想吃南京的盱眙小龙虾了，和男友开了整整一天车，从北京到南京，直奔小龙虾而去。

吃饱喝足后，打包了四锅回来，召集我们去她家继续。四个姑娘席地而坐，四锅小龙虾被我们吃得盆干碗净，意犹未尽。

可怜我们这些孩子他娘，无法那么率性地“潇洒走一回”。姐妹们一致认定，目前对小龙虾的回忆里，那一餐最美好、最过瘾了。

说吃就吃，说走就走，如此行动力超强的男友，在姐妹中收获了无数个赞。

姐妹们中，有善于动手的实力派：有的花上几小时，炖了一锅红烧牛肉，为老公生日做了一碗红烧牛肉面；有的在圣诞节用西兰花和圣女果做了棵逼真的圣诞树，还不忘用牛肉丁插上牙签假扮礼物盒；还有的坚持不懈地尝试，最终做出完美红丝绒蛋糕。

当然，一定也有手残党。

一位姐姐家里，平时都是爱人做饭，生活极为幸福。我去她家，看到她给儿

子做的西红柿鸡蛋面，简直寡淡。她笑着说，她就只会做这一种面，爱人不在家的日子里，娘俩就靠吃西红柿鸡蛋面度日了。

后来，她举家搬去澳门，开始一个人照顾一家人，居然在朋友圈里晒出自己烙的肉饼，卖相佳，据说口味也棒，让人由衷钦佩。

以前，姐妹们聚会，大餐一顿后定要再找个甜品店小坐，慢慢细叙家常。如今，每次做甜品，都会想起这些四散的姐妹们。

感慨人生的无常，一起嘻嘻哈哈、吃喝玩耍的日子一去不回头，日后聚齐都成难事。

姐妹们，做好这道下午茶甜点，只想和你们一起吃喝消磨时光，不谈聚散。

With Eating

草莓班戟

食材（5 个量）

蛋黄……2 个	低筋面粉……45 克
牛奶……125 克	黄油……5 克
淡奶油……130 克	草莓……适量
糖粉……20 克	

做法

1. 蛋黄加入 10 克糖粉，用手动打蛋器搅匀，倒入牛奶，搅拌均匀。筛入低筋面粉，搅

拌为顺滑的面糊。黄油熔化为液体，加入面糊中。将面糊过筛，放冰箱冷藏半小时以上。

2. 用平底不粘锅，全程小火加热。倒入两大勺面糊，轻轻转动平底锅使面糊在锅底摊平，也可用铲子帮助抹平，不需翻面，待表面凝结即可。依次煎好五张饼皮。

3. 将淡奶油加入 10 克糖粉打发至不流动。

4. 接下来开始包班戟，煎饼皮时接触锅的那面朝上，放入奶油、草莓。上下叠合，左右叠合，像叠一个小包袱。包好后，翻过来即可。

5. 配一杯咖啡或柠檬水，就是一顿姐妹聚会的简便下午茶了。将草莓换成榴莲块、芒果块也可以。

水果大作战：
越“卑鄙”，越惹人爱

之前，我常说我手残，好多朋友说我谦虚过度就是骄傲。

咳咳，真不是。

我真的是个手残，对于绘画之类的完全不行。大学时期，曾经做家教，教英文。我的学生是个小学一年级的小姑娘，很可爱，有些小任性，却唯独对我好得很。没几天，小姑娘就和我成了铁杆姐妹淘，每每下了课都舍不得我离开。

后来因为考试而辞职的时候，小姑娘还挑了她最喜欢的一张照片留给我作纪念。

话说某次，小姑娘请我教她做数学题。大概是三辆小汽车加四辆小汽车等于几辆小汽车一类，答案要画出几辆小汽车。

小姑娘非要我来画，推辞了几番不成功。好吧，赶鸭子上架，硬着头皮接过笔。

画出来之后，小姑娘盯着作业本半天没做声。过了一阵子，她叹口气说：“还是我来画吧。”我……丢脸死了。

所以，在我的手下，居然会做出杯壁酸奶这样颜值爆表的东东，这其中的激动心情，你会懂吧？

谁说下厨一定苦哈哈、满身油烟呢？这款杯壁酸奶，越“卑鄙”，越惹人爱。

玩儿着玩儿着就成了，手残党的福音。

最适合姐妹们聚会了，一人捧一杯，做饭后小甜品，美美哒。

或是一个人宅在家里的时候来一杯，玩得心情大好，有没有？

With Eating

杯壁酸奶

食材

酸奶……………………400 克　　抹茶粉……………………3 克

草莓……………………5 颗　　猕猴桃……………………2 个

其他水果（蓝莓、杨桃等）……………………………………适量

坚果、玉米片、薄荷叶等（可选）………………………………适量

做法

1. 水果切薄片，越薄越好。挑选爱吃的软质水果即可，也可以做成自己喜欢的不同形状。

2. 将水果片贴在杯壁上，轻轻按压，把水果片与杯壁间的气泡慢慢挤跑。

3. 缓缓倒入酸奶。我做了两种，一种保持原味，另一种是抹茶酸奶：分出 200 克酸奶，加入 3 克抹茶粉，搅拌到没有颗粒即可。酸奶倒八分满，顶部放入水果、薄荷叶等做装饰，也可加入玉米片、坚果等，可以随意创造。

1 | 2

在地铁里遇见一段川人的乡愁

“这句是对的。”我在地铁里看书正入神，忽听身边有个男人这样说道。

一口浓郁的川普，在安静的早高峰地铁里显得十分突兀。

抬起头，他正看着我。

我这才意识到他刚才那句话是对我说的。

他看我一脸迷茫的眼神，指着我的书解释：“我说，这句话说的是对的。”

哦，我正在看作家二毛写的美食书《妈妈的柴火灶》。

他指的那句话是：“最好的花椒当属四川和陕西产的。”同一个段落，二毛还提到了他所偏爱的是四川的茂汶花椒，又麻又香。

主动和我攀谈的，是个十分腼腆的年轻小伙子，衣着朴素而整洁，不到三十岁的样子。

一双大手极为粗糙，表情和脸庞略带与年龄不相符的沧桑。

身边坐着他的妻子，一个很利落、清秀的姑娘。

她怀里，白胖的两三岁男孩儿睡得正香，棉袄裹得严实，孩子睡暖和了，苹果脸上泛着可爱的红晕。

谈到关于食材的话题，我来了兴趣。

我说：“你知道茂汶花椒？”

他憨厚地笑了：“当然知道，我家就是茂县的，村里每家院子里都有花椒树。”

“那你们是不是每顿都离不了花椒，常吃花椒？”

他摇头：“不常吃，谁舍得常吃啊？太贵了。”

他的妻子稍稍倾过身来，小声说：“我们从老家就带了一小包来，早就吃完了。”

夫妻二人从家乡出来打工，已经整整一年没有回过老家了。

这次是小迁徙——从北京市内的工地搬到位于河北燕郊的新工地。

他们说：“中秋节是向来不能回老家过的。”

我问：“那什么时候可以回老家？”

夫妻俩很开心：“快了，快了，再有两个多月，我们就赶回去过年，一年了，太想家了。”

不久，他们带着孩子下车，礼貌地和我道别。

小伙子肩背足有半人高的背包，一手拎着装得满当当的编织袋，一手护着妻儿。就这样，年轻的一家消失在拥挤的人潮中。

如果不是有太多的乡愁想要纾解，如此腼腆的人，绝无跟人主动攀谈的可能。

我理解小伙子的心境。

在迁徙的路途中，就这么突然地，看到了家乡的食物，以这样一种特别的方式。

从小村庄到县城，从四川到北京，从中国到欧洲，我们这代人，无不经历着大大小小的迁徙。

更习惯了用家乡的食物傍身，在寒夜里，以此慰藉无处不在的乡愁。

在他乡，爷爷炖的一锅小黄鱼、奶奶烙的野菜饼、妈妈的咸菜坛子、爸爸卤好的猪蹄，比任何东西都好味。

我们，总会把思念凝结在食物里。

一口口下肚，填满身心。

然后，继续漂泊。

愿在异乡的你，吃到家乡味，今夜不孤单。

与小伙子攀谈后，又继续看二毛的书，书中说到巴蜀之地的各色家常美味，已经忍不住口水横飞。

不做一道满意的巴蜀吃食，不足以平抑这份吃货的难耐。

最近大爱豌杂面。所谓豌杂面，即豌豆杂酱面。而豌豆汤，是豌杂面的灵魂。

我请教了一位四川姐姐，她教会我如何熬出一锅醇厚软糯的豌豆汤。

这道汤，她家几十年来一直如此做法。她告诉我，在外面小店里吃到的豌杂面，永远不如家里做的好吃，主要是因为豌豆汤。店里为了便于保存，不能将豌豆汤熬制得浓稠软糯，因此远不如家里做的味道浓郁。

熬一锅醇厚的豌豆汤，炒一碗喷香的杂酱，煮一绺手工的鲜面条，烫一把青翠的豌豆尖。

秋露深重。

来，干了这碗热辣醇厚的豌杂面。

With Eating

豌杂面

食材

豌豆汤

脱皮干豌豆……500 克

八角……1 粒

麻椒……十几粒

新鲜猪棒骨……1 根

姜片……4 片

盐……适量

杂酱

猪肉馅……200 克

郫县红油豆瓣酱……2 勺

生抽、料酒……适量

芽菜……50 克

葱姜蒜末……适量

老抽、糖、盐……少量

其他

鲜面条（三人份）……500 克

豌豆尖……1 小把

1	2
3	4
5	6

做法

1. 熬一锅醇厚的豌豆汤。豌豆提前一晚冷水洗净，泡好（我用的是脱皮豌豆，因为不喜带皮豌豆煮熟后的口感）。新鲜猪骨焯水去血水（四川姐姐家偏爱用腊味，如腊排骨或切成片的腊肉）。

2. 食材同入高压锅中，放入生姜片、麻椒、八角，加清水，以没过豌豆略高出一指为宜，选炖肉项。二十多分钟后出锅，挑出姜片、八角、麻椒粒，加适量盐调味。

3. 炒一碗喷香的杂酱。利用熬制豌豆汤的时间做杂酱，炒锅加热后放油，油热后放入肉馅，炒至变色后，加入料酒、生抽、少量老抽、少量糖、葱姜蒜末，翻炒均匀。

4. 加入芽菜、郫县红油豆瓣，继续炒制，加入少量盐调味（芽菜与豆瓣都很咸，少量加盐即可）。小火将肉馅慢慢炒干。

5. 煮一绺手工的鲜面条。水开后，下入鲜面条，水沸腾后可淋少量冷水，煮至面条劲道没有硬心即可。一般做豌杂面是使用碱水面条，口感更好，我买了面摊儿小哥特制的“重庆小面”，颜色比一般手工面条偏黄。

6. 烫一把青翠的豌豆尖。豌豆尖一小把，掐掉老茎，洗净，入开水锅中烫熟。

7. 碗里摆好面条，浇上一大勺醇厚的豌豆汤，舀几勺喷香的杂酱，请入小清新的豌豆尖，一碗豌杂面即成。口味较重的人，可在碗底提前放入辣椒油、花椒油、葱姜蒜末和生抽调味。

认真拥抱，因为不是每次分别都有再见

几天前。

特殊原因，把养了三年的垂耳兔Goli送了一户好人家。百般不舍，备足了兔粮、干草和零食，换了两个新水瓶，铺了新尿垫。抚摸着Goli纯白的绒毛，对新主人一项项细细交待它的起居与喜好。

分别的时候，望着新主人拎着笼子走远，心中无限难过。

然而，这改变不了我抛弃它的事实，不管基于什么理由。

想起当年，一位朋友想领养一只我家的狗宝宝，送她的时候，我请她保证一定不能抛弃它，一定要善始善终。

如今，我终究变成了自己曾经最讨厌的样子。

给自己十万个鄙视。然而更鄙视自己的是，它还在的时候，我没有足够善待它。

工作忙了，不记得给它买胡萝卜；下班晚了，没有多陪它玩一玩……

悔之晚矣，多说无益。

几年前。

那是我第一次去八宝山公墓。

大学老师的爱人来北京出差，等红灯的时候被一辆失控小轿车撞倒。去世时，她怀着六个月的身孕。

遗体告别的时候，那个身材魁梧、曾在讲台上意气风发的年轻男老师，在我们每一个学生的拥抱里泣不成声，神思恍惚。

六个月的胎宝宝，爸爸妈妈已经为她取好了名字，甚至已经知道她是个女孩儿。

她会在妈妈的子宫里动来动去，会在羊水里游泳，会时常调皮地打嗝，甚至在爸爸妈妈叫她时偶有回应。

然而，在满心期待着美好来临时，一切戛然而止。

师母出发来京时，不知道老师和师母有没有拥抱告别，说声再见。

谁知道，就再也不见了呢。

他会不会后悔，一起生活的日子里，没有多跟她说说话？没有多摸摸孩子的小动静？没有在陪她产检的时候听听孩子的心跳？

不敢再想，也从不敢和老师谈起，不想勾起他的伤心事。

又或者，不用勾起，这些一直藏在他心里。

昨晚，见了姐妹淘。

其中一个姐妹的亲人刚刚去世，是突然走的，她甚至没来得及和他说一句话。然而，在他去世之前，她还在和他闹别扭。

不能做什么，我只想抱抱她。我想，没有比这更让人难过的了。

因为，你犯的小错误，再没有办法弥补；你的小任性，再没有人笑着包容。

她对自己懊恼不已。

体味过这世界的莫测与无常，她开始害怕。她一改羞涩的本性，对身边每一个她爱的人，都不吝一遍遍告诉他们——我真的好爱你。

有天真的孩童问：人为什么分别时会哭呢？

答案是我们都知道的事实：因为，不是每次分别都有再见啊。

在美好可期的时候，突然被宣告：此生，不复再见。

多么残忍而绝望。

那么，在分别来临之前，善待生命中重要的那些人吧。

你明明知道，你爱他们。

在每次分别时，珍重地拥抱，认真说再见。

在每次相见时，都相信这时光是种恩赐。

只愿：再见，或者再也不见，都无悔。

这篇文字写下来，情绪有点儿低落。但庆幸的是，我爱的都在。

来点温暖的，在这深秋暖暖心、暖暖胃吧。上汤娃娃菜，做起来简单，看起来家常，喝起来窝心。

相爱的人们，即使对坐于室，默默喝这一碗汤，只有杯勺交错之声，也是极好的。

With Eating

上汤娃娃菜

食材

娃娃菜……………………………………1 棵

松花蛋……………………………………1 个

玉米粒……………………………………适量

浓汤宝（可选）…………………………1 小盒

咸鸭蛋黄…………………………2 个

火腿………………………………适量

葱花………………………………适量

盐…………………………………适量

1|2
3

做法

1. 配料：咸鸭蛋黄两个切丁，松花蛋一个切丁，适量火腿切丁，玉米粒备好，葱花备好。

2. 主角：娃娃菜一棵，纵向切成八等份。

3. 上汤：锅加热后放入适量油，葱花爆香，下咸鸭蛋黄炒出细密的泡泡，加水；加入浓汤宝一个，搅匀（不加亦可）；加入配料松花蛋、火腿、玉米粒。

4. 调味：待水开后，加入娃娃菜煮软，加入适量盐、芝麻油调味。上桌，吃菜，喝汤。

炒一锅麻辣鲜香，过他个活色生香

食物如人，各有性格。

有的温柔，如一锅清粥，如一碗甜汤。

有的热烈，如重庆九宫格，如麻辣香锅。

有的天真，如红豆沙小圆子，如甜甜圈。

有的老练，如卤牛肉，如二两烧酒。

很多时候，我喜欢与温和的人相处，吃温暖的食物，过不紧不慢的日子。出于本能，对锋芒个性的人避而远之。可随着年岁渐长，越发识得自己的狭隘。不同的人、性格、观点，自有其存在的道理。就如大家常吃的麻辣香锅。

炒一锅麻辣鲜香，过他个活色生香。它不是我的家常之选，却可在冬季初临时，给我最周到的慰贴。

冬临，草木凋零，蛰虫伏藏。不若以烟火气，热辣这个冬夜。

食物如此，人亦是。我负责让自己平静，你负责让世界热闹。各有功用，各司其道。

我渴盼自己：既有容人的度量，又有容食的肚量。

如此，便算成功。

With Eating

麻辣香锅

食材

肉类：培根、午餐肉、虾、牛羊肉片等……………………………各 200 克

丸类：鱼豆腐、牛丸、鱼丸、蟹棒、虾饺等………………………各 100 克

蔬菜：青笋、西兰花、大白菜、娃娃菜、油麦菜等…………………适量

豆制品：腐竹、豆皮等……………………………………………………适量

其他蔬菜：土豆、红薯、平菇、金针菇、木耳等……………………适量

其他：油面筋、年糕条、鸭血等………………………………………适量

麻辣香锅调料……………………………………………………………1 包

豆瓣酱………………………………………………………………1 大勺

葱蒜姜……………………………………………………………………适量

做法

1. 锅中加水烧开，除了肉类食材，其他的食材分批下锅，烫至八分熟，沥干水分备用。（麻辣香锅的食材，随性就好。以上食材每样任选 2~3 种，荤素搭配，丰富即可，不必贪多。）

2. 把锅烧热，加入一包麻辣香锅调料，加入葱段、蒜粒、姜片，小火炒香。（我用王家渡牌的，四川朋友比较认可这一款；之前用过海底捞牌的，味道也不错。）

3. 放入生的肉类食材，中火炒至八成熟；加入丸类食材、午餐肉，炒入味。

4. 倒入之前烫好的其他食材，翻炒均匀。用豆瓣酱调节咸度，请酌情添加，不要过量。如果你和我一样，一包调料炒这样一大锅食材的话，加入一大勺豆瓣酱就差不多了。

5. 所有食材搅拌均匀，出锅。撒葱花、香菜、白芝麻，即成。配一碗白米饭，极好。

1 | 2
3 | 4
5

牛油果君，我欠你一个迟来的道歉

作为一个秉承实用主义的、脱离了洋范儿的、散发着传统乡村气息的厨娘，很早之前，我对牛油果的全部认知停留在长相黑黢黢、口感如牛油、完全没有味道、只能用来装小资、须有多远走多远的食材之一。

在很长一段时间内，不管闺蜜如何游说——牛油果拌白糖很好吃啊，蘸酱油味道很特别啊——我都对它提不起任何兴趣。

直到去了巴厘岛。

热闹的库塔、静谧的乌布、浪漫的乌鲁瓦图，巴厘岛的美丽让我们流连忘返。

每日在岛上漫步，偶遇着当地的风情与美景。

当地人热情好客，即使路上擦肩而过，都会向你点头微笑或问候。

连小新哥哥都学会了和当地人一样热情地挥手 Say Hi。

当然，美景与风情固然吸引人，对于吃货来讲，最难忘的还是巴厘岛的各式水果。

巴厘岛可谓是热带水果的天堂。几乎所有的旅行攻略都会提及，这里最最地道的就是热带水果和鲜榨果汁，不容错过。

正如《舌尖上的中国》总导演陈晓卿所说：“很多美食没办法从故乡带走，只在那个地方好吃，像上海弄堂里的生煎，搬到写字楼里，生煎的味道就怎么吃怎么不像。”同理，热带水果还是要在原产地吃，才能品到自然成熟的那份新鲜清甜。而我们平时所吃到的，经过一番长途运输之后，已然变了味道。

在巴厘岛时，我和新丸爸每晚都去库塔最大的超市买买买，提回各种新鲜水果大快朵颐。逛街时，在路边小摊档随意来一杯新鲜果汁，味道极好，且价格便宜，相当于人民币五块钱一大杯。每顿饭都少不了鲜榨果汁，选择极多，有木瓜汁、西瓜汁、芒果汁等，其中最好喝的要数牛油果汁。嗯，到了那里，一定要学会牛肉果汁的英文发音，来，跟我念：Avocado Juice。

连街边一家简陋的小摊出品，都顺滑浓郁，好喝到冒泡。

从此对牛油果的爱一发不可收拾，抹面包，拌沙拉，做奶昔……爱到什么程度呢？在做鲜虾牛油果沙拉这道菜的时候，我是边做边挖几勺吃掉的。

和小时候帮妈妈端菜上桌时一样，偷吃的那口食物才是最美味的。

鲜虾牛油果沙拉做起来超级简单，摆盘后又很好看，味道清爽，口感丰富。我和新丸爸都超爱。

小丸子妹妹是直接用手抓着吃这盘沙拉的。

作为一枚女汉子，这样吃才过瘾。看样子，我的小妮儿也很喜欢嘛。

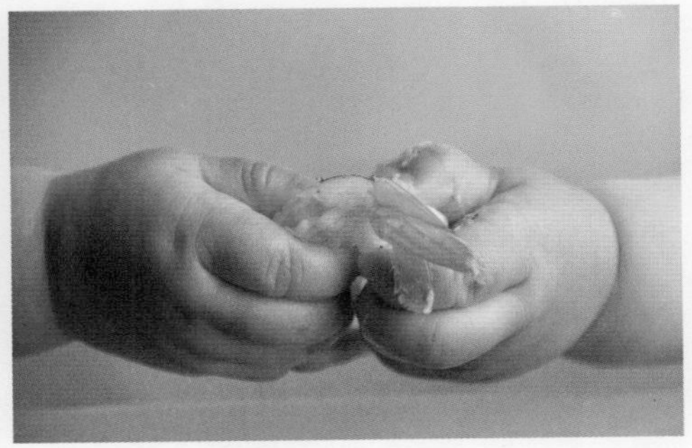

With Eating

鲜虾牛油果沙拉

食材

牛油果	2个	小芒果	2个
鲜虾	8只	新鲜豌豆	2大勺
黄瓜	半根	青柠檬	半个
酸奶	3大勺	盐	1小勺
薄荷叶	适量	黑胡椒碎	适量

1 | 2
3 | 4
5

做法

1. 虾去掉虾线、虾头、虾壳，可以把虾尾部分保留，摆盘时造型更美。沸水中加入一小勺盐，将处理好的虾入水煮 2 分钟。新鲜豌豆入沸水锅中煮 2 分钟。

2. 牛油果对半切开，去核，用小勺挖出果肉，切小块。小芒果、黄瓜切丁。

3. 将煮好的虾、豌豆、牛油果小块、小芒果丁、黄瓜丁都放入盘中，挤入青柠檬汁，加入酸奶、一小勺盐、薄荷叶，撒上适量黑胡椒碎即可。

4. 自然风摆盘即可。若招待朋友，也可换成精致些的摆盘，把沙拉放入牛油果皮中，顶部摆上鲜虾。

论一碗肉肉的女汉子吃法

小时候，我不爱吃肥肉。相信很多女孩都是如此。

可渐渐地，从只吃瘦肉，到勉强吃一点点五花肉，再到试试猪蹄，之后不可救药地恋上肘花。到了如今，已是无肉不欢。

小时候，不吃芹菜、不吃葱花、不吃姜、不吃熟蒜……不吃的东西简直两只手数不过来，惹得妈妈又气又恼。随着慢慢长大，居然一样样都默默地接受了。

人长大了，没了棱角，连口味都跟着圆滑了起来。

喜欢下厨的我，越来越能接受很多之前不愿尝试的新事物，比如白白的肉片。

今天的这道蒜泥白肉，让原本看到白肉片望而却步的我，山呼“太过瘾”“太好吃啦”，女汉子风范尽显。

连我家那位每天喊着要减肥的新丸爸，都完全停不下来。

所以，你要不要试试？

With Eating

蒜泥白肉

食材

带皮五花肉……………………1 块
花椒粒……………………十几粒
黄瓜…………………………1 根
蒜……………………………1 头
醋…………………………2 大勺
糖…………………………1 大勺
盐……………………………适量
葱姜…………………………适量
料酒…………………………适量
干辣椒………………………5 个
生抽………………………2 大勺
芝麻油……………………1 大勺
麻油………………………1 小勺
香菜、白芝麻………………适量

做法

1. 新鲜的带皮五花肉洗净，切成段。入冷水锅中，加料酒、姜片、葱段、花椒粒，煮透，边煮边撇去浮沫。煮透的标准是：筷子能轻松穿透。

2. 黄瓜一根，从中间断开，用削皮器削成长长的薄片，垫于盘底。

3. 煮好的肉在汤水中浸泡，自然冷却后取出，切薄片（肉晾凉后放冰箱冷藏一会儿更容易切薄）。把切好的五花肉片摆于黄瓜上。

4. 做料汁：干辣椒切成碎末，油烧至冒烟后，均匀浇在辣椒末上，并迅速摇匀，以免煳掉。

5. 在辣椒油中加入压好的蒜泥、生抽、糖、醋、麻油、芝麻油、盐、白芝麻。配方中的各项配料可适当加减，但一定记得要加多多的辣椒油、蒜泥、醋和白芝麻，这样才够味。

6. 将调好的料汁淋于肉片上，加一小撮香菜末即可。肉片凉吃会腻，我一般用微波炉小火加热 40 秒后上桌。超好吃，超过瘾。

1 | 2
3 | 4
5 | 6

浓油赤酱的上海故事

大约六年前了，因工作原因常驻上海。

任务是，和三十多位小伙伴一起运营上海世博会场馆之一——宝钢大舞台，忙得昏天黑地。

一旦遇到难得的闲暇，便觉分外难得、倍加珍惜。

都是吃货才聚首，身边一众姐妹们恨不能开动全身雷达，搜索当地的好味道。

某日，朋友推荐进贤路上的一家小馆子——春餐厅，和闺蜜慕名而去。

据说是上海小有名气的、最地道的本帮家常菜，已经开了二十几年，上海本地一些名人都常去光顾。

这家小餐厅极有个性，没有菜单和菜价，吃什么、多少钱，一切都由老板娘说了算。春餐厅会在每天 20 点 45 分极为准时地打烊，和现代人的生活貌似有些不相容，可或许就是这份特立独行，让那么多人趋之若鹜。

尽管已提前打了预防针，进去之后还是讶异，春餐厅还真是袖珍，小小的房间里只有四张桌子。陈设简单至极，整个屋子只有一幅“吃亏是福”的书法算得上装饰，碗碟都是极为普通的老旧款式。

我们走了狗屎运，都说需要提前两三天预定，恰好我们去的时候有一桌预定因为在世博园参观没有赶过来，老板娘让我们顺顺利利落座了。

没有菜单没有价格，在爽利老板娘的安排之下，我们的菜单就这样确定了，四个菜——油爆虾、红烧鲳鱼、红烧肉、蒜蓉苋菜。油爆虾很鲜；鲳鱼烧得很入味；最受食客好评的红烧肉不是我俩喜欢的味道，也可能是我们吃惯了北方版的缘故；蒜蓉苋菜很棒，新鲜爽口，我们吃得一根不剩。

但最让我们惊艳的，竟然是后来老板娘附送的一碟四喜烤麸，酱汁浓郁，咸甜适口，简直欲罢不能。

自此，便爱上了这道经典上海本帮菜。

一晃几年过去，四喜烤麸仍是我最爱的凉菜之一。兴致来了，我仍会烧上一大锅，冷藏起来慢慢吃。所谓“四喜”，一般是指香菇、黄花菜、黑木耳、花生米四种料，然而我酷爱腐竹，所以一定要有腐竹的四喜烤麸对我来说才算完美。

这道菜于我，是记忆中的上海味道，更让我怀念属于自己的上海故事。

With Eating

四喜烤麸

食材

烤麸……………………………2 大块

黑木耳…………………………1 小把

黄花菜…………………………1 小把

花生米…………………………1 小把

腐竹……………………6根

香菇……………………10朵

八角……………………2粒

冰糖……………………6粒

葱段……………………适量

老抽……………………1大勺

生抽……………………2小勺

盐………………………2小勺

做法

1. 所有食材分别用温水泡发。香菇要洗净之后泡发，泡发香菇的水留着备用。（做这道菜事家里没有香菇了，我就换了松茸，都是菌菇类……下文仍以香菇称之。）

2. 烤麸在清水中多次挤压，挤出白色泡沫，以去除豆腥味。切成小块，在开水锅中烫3分钟。捞出后过凉水，继续在清水中多次挤压，这是去豆腥味的关键。

3. 花生米煮7 ~ 8分钟。木耳洗净后撕成小朵。腐竹挤干水分。香菇一分四块。黄花菜两两打结，黄花菜很容易炖得太软烂，打结是为了让口感更劲道。

4. 锅中加热后放油，油热后放入烤麸，中小火煸炒，直至烤麸表层煎至金黄，盛出备用。

5. 锅中放油加热，放入葱段、两粒八角爆香，将除烤麸以外的其他食材放入，中小火煸炒均匀，放入冰糖、老抽、生抽、盐；将泡发香菇的水缓缓倒入一小碗。调料的配比是我家喜欢的口味，总体感觉微甜偏淡，你可以根据自己的口味调整。

6. 中火烧开，改为小火，放入烤麸，熬半小时，中间搅拌几次。待所有食材都入味，淋芝麻油，出锅。

7. 可保存于密封盒中冷藏，每次用干净的勺取食，可以吃三四天。相比于热食，我更喜欢冷藏后的口感。经过酱汁的浸泡，所有的食材都颜色饱满、味道浓郁，每一口都是满足。

1 | 2
3 | 4
5

人间四月，桃花流水烤鱼肥

又是周末的前奏了。北京的春日周末，也不知还剩几个。

人间四月，桃花流水。莫名欢喜。

若不肆意挥霍，便是白白辜负了这大好春色。

有好友，乘着春夜的风来。我做一盘热情的烤鱼款待你。

心里热闹时，才愿意做这道菜。

和火锅一样，烤鱼也是群居动物的菜，一个人吃难免寂寞，一群人围坐才有气氛。

大多数烤鱼店的环境都吵闹，谁让它是适合朋友小聚的菜呢。

朝阳大悦城的南锣肥猫烤鱼总是人满为患，等位等得人心焦。

带娃去？在那个环境里，两个小朋友会让你三月不知鱼味的，呵呵哒。

想吃？只能自己动手，程序不算麻烦，味道棒棒哒。

With Eating

豆豉烤鱼

食材

黑鱼……………………1条（2斤左右）

腐竹………………………………5根

金针菇…………………………1小把

盐、白胡椒粉、料酒………………适量

八角………………………………2粒

干辣椒…………………………10个

豆豉……………………………3大勺

花生碎、白芝麻、香菜……………适量

青笋………………………半根

豆皮……………………1小把

绿豆芽…………………1小把

葱姜蒜……………………适量

花椒…………………十几粒

郫县豆瓣酱…………2大勺

生抽、蚝油…………各1大勺

做法

1. 黑鱼一条，两斤左右的最适合，既容易烤熟，又容易入味，且放入烤盘中大小正好合适。也可用草鱼、花鲢等，但黑鱼的刺相对少些。黑鱼的表皮有一层滑滑的黏液，处理起来要格外小心。去鳞、去腮、洗净后，从鱼腹处剖开，一直切到背部，但不切断。在鱼身上切均匀的刀口，以使鱼肉入味。在鱼身内外抹盐、白胡椒粉和少量料酒后，腌制约15分钟。

2. 将花椒、干辣椒、八角放入油锅炸制成金黄色后盛出，滤出残渣，留取炸好的料油备用。喜欢香辣的小伙伴，可多加些干辣椒。

3. 烤盘垫锡纸，将鱼摆放好。用厨房纸吸去多余的水分，用刷子在鱼身刷足量的料油。

4. 将鱼放入烤箱烤制，200℃，上下火，30分钟。再关掉下火，上火210℃，5分钟，把鱼皮烤制得焦焦脆脆才好吃。

1 | 2
3 | 4
5 | 6
7

5. 准备配菜。青笋削皮，切成粗条。腐竹提前用温水泡发，切成段。豆皮切成条。金针菇撕成小绺。绿豆芽洗净。也可放藕片、土豆条、西兰花等。在锅中倒入剩余的料油，加入葱姜蒜炝锅，爱吃辣的小伙伴在这一步可以加多多的干辣椒爆香。待葱姜蒜炸成金黄色后，加两大勺郫县豆瓣酱，炒出红油，加入三大勺豆豉（豆豉提前切碎），继续炒香。

6. 放入配菜（按易熟程度先后加入，我加的顺序是青笋、绿豆芽、豆皮、腐竹、金针菇），倒入适量生抽、蚝油调味。待食材都炒软后，加入两小碗水，煮至食材七分熟。炒配菜所加的调料都很咸，基本不用再加盐了。你可以尝尝看，再根据自己的口味调整。

7. 鱼烤好后，将配菜和酱汁一同倒入烤盘中。酱汁尽量多淋到鱼身上，才更入味。也可将配菜直接铺在鱼身上。放入烤箱，上下火 165℃，烤 6 ~ 8 分钟即可。取出后撒香菜，再来点花生碎、白芝麻也是极好的。

CHAPTER TWO

为妻

BE A WIFE

我所爱的人间烟火，不过是：于柴米油盐里，不忘拥抱彼此；于赶路奔忙中，不忘微笑以对；于狭小角落间，一起为更好的生活努力。

我以为的认真生活，我所爱的人间烟火

前几日去菜市场闲逛，看到一家卖主食的小铺挂了这样的牌子——家有喜事，5日后回来。

不禁莞尔。

不是“停业5天”，不是“今日休息”，而是“家有喜事”，就像收到小铺主人写的一封信一样，从中似乎可感知店主的浓浓喜意。

不由得揣测着，什么喜事呢？结婚？暖房？添丁？还是其他别的什么？

一个小小的主食铺子，就此多了分人情味儿。

过几日又去菜市场，路过那家小铺时，便留了意。

小铺在天桥脚下的三角形区域里，逼仄、狭小，高个子是不适合的，走进去甚至会撞到头。

紧挨着门口，横挡着一块面板，用大大的编筐装满了刚出锅的各式面食，馒头、花卷儿、糖三角、面条，分类摆放，也算井井有条。

一对年轻小夫妻正在铺子里埋头忙碌着。

围着碎花围裙的妻子在蒸锅前站定，两手一使力，掀开了足有她两臂宽的大

蒸屉。

一锅白胖的馒头翻滚在眼前，蒸腾出白色的雾气，小铺子顿时漫上了一层温暖。

不顾刚出锅的馒头烫，她两只手捧起一个馒头，许是因为热，迅速在手上颠了一颠，散了些热气，熟稔地抛进大大的编筐里。

没多久，编筐里的馒头就冒了尖儿。

丈夫在她身后稍靠里一点的位置，身着面点师常穿的白色大褂。

“啪”的一声，将揉得光滑的面团砸到长长的案板上，拿起足有一米多的擀面杖，左一下右一下，利索地擀出一张大饼，又抓起一把面粉，熟练地在饼面上均匀撒了一层薄薄的扑面。

他将大饼层层叠起，手起刀落，当当当当，一阵颇有节奏感的声响过后，案板上便多了一排匀称的手擀面。随后，他从中间提起这一把面条，在空中用力抖

了几抖，随着面条的舒展跳跃，面粉扑簌簌落下来，在空气中四散开。

小铺子里，又是一片白雾起。

两人间或用家乡话说着什么，随即响亮地笑出声来。

手底下的活计仍在忙碌着，脸上的笑容却许久不散。

我所爱的人间烟火，不过是：

于柴米油盐里，不忘拥抱彼此；

于赶路奔忙中，不忘微笑以对；

于狭小角落间，一起为更好的生活努力。

常去的写字楼附近，有一家很特别的麻辣烫店。

主人也是一对年轻小夫妻，却不是我们寻常所见的生意人。

去得久了，便知道了背后的故事。

妻子原本是一家公司的财务，经常连续熬夜不说，又被老板冤枉，于是决心再不给人打工，辞职做起了小生意。

丈夫无条件支持妻子，一起辞职，妇唱夫随，成了店主兼小二。

没有其他麻辣烫店的油腻和喧闹，二人把小小的麻辣烫店经营得像个温馨的家。食材新鲜，餐具精致，鲜花与绿植点缀得恰到好处。

来吃饭的，多是附近写字楼里的白领们。

妻子负责煮，丈夫负责端，配合默契。

午后，办公楼里的白领们回到格子间里，小小的麻辣烫店慢慢安静下来。这里，就成了独属于他俩的天地。

午后的阳光透过窗洒进来，擦桌、打扫卫生、洗好餐具后，小夫妻俩难得清闲一会儿。却又搬了一大盆蔬菜、蘑菇进来，在桌子的两旁落座，边把蔬菜串起，边轻声聊着什么，笑容满溢出来。

当然，自由是有代价的。开个小店，看起来轻松自由，背后却有难言的辛苦。

清早去菜市买新鲜的青菜，清洗、串串，迎接中午这一波客流高峰；下午还没来得及歇一口气，又要准备晚上的食材。循环往复，一整天忙碌不得闲。

然而，女店主告诉我，在晚上关门闭店，大门落锁的那一刻，心中无比踏实，毕竟这是独属于两个人的小店啊。她的丈夫说，小店刚开不久，收入也就够养活两个人的，不过我们知足了。

自给自足，略有盈余，已让小夫妻俩决心坚持下去。

我以为的认真生活，不过是：

一个人生活，不忘听妈妈的话，好好吃饭。

两个人走路，定要手牵着手，你跟我随。

抱着欢喜心，做着认真事，知足而安。

不同的所在，相似的微笑。

不同的境遇，相同的温情。

身边总会遇到这样温和、生动的面孔，引人偶尔挂念。

由食物而生的故事，在路过的每个街头巷尾，隐现其间。

这人间烟火气，这认真生活的人们。平凡，却美好得让人念念不忘。

而我所以为的平凡幸福，不过是：

即便是人间烟火，也可胜却诗情画意无数。

不如今天，我们就做一道清煮嫩豌豆吧。

简单中有真味，平凡里蕴美好。

即便是清水白煮，也可胜却大餐无数。

With Eating

清煮嫩豌豆

食材

嫩豌豆粒……………………适量

花椒………………………5~6 粒

八角……………………1 粒

盐………………………2 小勺

做法

1. 新鲜嫩豌豆剥皮，洗净。
2. 锅中加水，加入八角、花椒、盐、几滴食用油，烧开，放入清洗好的嫩豌豆。
3. 中火煮两分钟后关火，略浸泡使之入味即可。

1 2
3 4

最美好的时节过后，仍有故事在发生

离新丸爸的生日还有几天，我在微信上甩过去两款钱包的照片："今天管家婆发善心，自选吧，喜欢哪款？"

在一起七年，彼此的脾气秉性已摸了个透。他待人温和，对物却挑剔。为此，我只有放弃给他个意外惊喜的想法，让他自选生日礼物。如此直白，是我们这对老夫老妻的相处模式。

等了半天，他回我一条："我原来的钱包挺好的，不用换。"

我循循善诱："那你缺什么呢？我买给你。"

新丸爸："我觉得生活好满足，有你们在，什么都不缺呢。给我做个蛋糕吧。"

嘿，互损惯了，突然的甜言蜜语我还真有点不习惯呢。

这几年，大多是平平淡淡的日子。偶尔，他才会用点小心思，当然，一只手就可以数过来。

某次，我在家里收到一个小小的快递盒，收件人是我的名字，疑惑地拆开，是一条细细的锁骨链。懂我如他，小小惊喜。

这是理工男新丸爸难得的浪漫了。

在新丸爸的要求下，做了一款独属于他的生日蛋糕——可可戚风做底，奶油做面，以荠菜花为饰。

取荠菜花做装饰，着实让一帮朋友大跌眼镜，笑说从没见过荠菜花蛋糕。

这中西合璧的搞怪式搭配，也唯有我这种业余厨子才能想得出来吧。

其实，选荠菜花，要的不只是美，更存了我的私心。“城中桃李愁风雨，春在溪头荠菜花。”南宋词人辛弃疾将荠菜与春意描摹得清新隽永。初春时节的鲜嫩荠菜，几乎每个好食者都识得，如春天般青翠。然而，开花的、老去的、再不能食用的荠菜，又有几人去欣赏呢？

花的境遇，与人相似。

就像我们所熟知的那个故事——王子和公主幸福地生活在一起了。

然而，谁在乎王子和公主的婚后生活是柴米油盐，还是举案齐眉？

故事，往往戛然而止在最美好的时节。

就如我们的爱情一样：

恋爱总是美好的，婚礼总是感人的，婚后的日子却如人饮水，冷暖自知。

一日日、一年年，朝夕以对，初见时的怦然心动渐渐被生活消磨殆尽。

谁还能想起，年少时为她手绘的画、传过的小纸条、宿舍楼下等待时嘴角不自觉的笑？

唯一让人宽慰的是，最美好的时节过后，仍有故事在发生，平淡、琐碎，却偶尔温情的。

这款蛋糕，我为它起名“牵手”。愿几十年之后：

你仍愿意吃我做的蛋糕，不管多搞怪。

我仍愿意牵着你的手，不管多粗糙。

With Eating

牵手蛋糕

食材（六寸蛋糕）

蛋白液……………………………120克

蛋黄液……………………………100克

牛奶………………………………45克

低筋面粉…………………………50克

泡打粉……………………………2.5克

白糖……………………5克（装饰用）

白糖……………50克（蛋白液打发用）

白糖…………………15克（蛋黄液用）

玉米油……………………………40克

可可粉……………………………18克

淡奶油……………………………50克

做法

1. 制作蛋黄液。在蛋黄液中加入 50 克白糖，用手动打蛋器搅打均匀。加入牛奶、玉米油，继续搅匀。将低筋面粉、可可粉、泡打粉混合均匀后，筛入蛋黄液中，翻拌均匀。

2. 将蛋白液放入无油无水的干净容器中，打发，分三次加入 15 克白糖。打发至提起打蛋器可以拉出直立的尖角。

3. 将 1/3 蛋黄糊放入蛋白液中，从下往上翻拌均匀。将翻拌好的混合物，倒回剩下的 2/3 蛋黄糊中，继续翻拌均匀。将混合好的蛋糕糊倒入模具中，在台面上震几下，震出气泡。

4. 烤箱预热 150℃，下层，烤 50 分钟到 1 小时即可。烤制过程中，观察上色情况，如果上色过度，可用锡纸覆盖。烤好后，趁热倒扣，待冷却后脱模。

5. 在淡奶油加入 5 克白糖打发，将奶油均匀涂抹于蛋糕表面，加荠菜花做装饰。

五分钟爱情，刚刚好

几年前，还在做电视编导的时候，每周固定会通宵两个晚上剪片子。我和搭档的技术组小帅哥轮番上阵，一般由我粗剪，他先去录音室的躺椅上眯一小觉。

深夜的机房里，只有我，面对硕大的屏幕里女主持人的笑靥如花，在时间轴上修修剪剪，一帧都不敢错过。陪伴我的，只有机器的低鸣声。

很奇怪，每每熬到深夜，即使再暖和的屋子，也透着股森森冷意。在那个特殊的时间段里，唯有泡面和热奶茶才能救赎。

像样的奶茶店早就关门了。于是，去楼下24小时营业的7-Eleven便利店买上两杯优乐美，再捧两桶泡面。

开水一冲，热热的，暖暖的，一颗心都跟着活泛起来。

速食品，暖心用的，谁还顾得上口味如何。

吃饱喝足好干活，还要努力讨生活呢。

如今生活还要讨，却反而开始矫情起来。街边的小奶茶店，各种粉末混杂一起，喝起来不对味儿。速溶的奶茶品牌更不必说，根本不能称之为奶茶。偶尔在有个性的咖啡馆、奶茶店里遇到一杯称心的，却早已没了为一口奶茶专程而去的心性。

几年前，红遍大街小巷的广告语“你是我的优乐美”，现在再说起来，真是让人好不尴尬：你说我是速食品么，还是廉价货呢？说完这句话，姑娘怕是会高跟鞋伺候。依我说，你啊，就是我愿意花五分钟，慢慢熬出来的那杯焦糖奶茶。

有茶香，有甘意。香醇浓厚，暖意十足。喝太多，腻；喝不到，想。

为你，我只愿意花五分钟。每天。

不要那么多，只爱一点点。

五分钟爱情，刚刚好。

每天五分钟，时日久了，也便成了白头偕老。

无论什么时候，都不要忘了宠爱自己。

花五分钟，给他和自己做杯奶茶吧。

不必说什么，冬日暖阳下，或是寒夜里，彼此温暖着就好。

With Eating

焦糖奶茶

食材

冰糖……………………7~8 粒

红茶……………………1 小撮

牛奶……………………250 毫升

TIPS：原料和用量均无定数，凭你喜欢。冰糖可以用白糖替代。红茶，金骏眉也好，红茶末也罢，出来的味道都不差。牛奶亦可用奶粉冲泡代替，不过会有颗粒感，口感稍差。

做法

1. 把不粘锅用大火加热至略冒烟。放入冰糖，小火熬化，直至成为焦黄色。

2. 加入牛奶及红茶，中火煮沸。如果想要茶香更浓郁，可提前用牛奶泡红茶。初加入牛奶时，焦糖遇冷会凝结，莫怕，慢慢搅拌，随着温度上升会融化的。谨记，务必不要加盖，不然你会看到沸腾后四处奔流的牛奶。

3. 煮沸后，小火继续，煮至茶叶散开，闻到茶香奶香。以滤网去除茶叶残渣。装杯，完成。

1 | 2
3

照顾不周，请多包涵

一场大雪，天寒地冻。

情人节前夜，和闺蜜聚会，聊到半夜仍不尽兴，无非是感叹生活的种种美好小细节。照例，当然更要花样吐槽对家中男人的各种不满。

午夜十二点，回家路上，新丸爸打了两个电话问到哪里了，要不要下楼来接，又让我截图司机的工号给他。他一向如此，在安全问题上小心翼翼，虽然经常为我所不屑。

待凌晨到家，客厅留着一盏暖黄的灯，他小跑着过来给我开门。哭闹着找我的小新哥哥已被他用变形金刚、钢铁侠加 iPad 哄睡。小丸子妹妹也已乖乖入眠，好梦正酣。顿觉冬夜渐暖。惭愧之前的吐槽颇有些不知足的意味。

我："谢谢你。"

他一脸不解。

我："突然觉得这么多年你对我挺好的。谢谢你。"

他拥抱我："照顾不周，请多包涵。"

当时我就震惊了。这个理科男，怎么能一出口就帮我拟了个文章标题呢？

这个情人节，怎么能因为他一句简单的话，就让我觉得心满意足呢？

磕磕绊绊，牵手几年。

平淡小日子之中，每每有此种小细节让我想到美好二字。

上周末，从不关心柴米油盐的他破天荒要出门采买，问我想吃什么。

我：“猪蹄。”

他惊讶：“额，真是重口味。要多少？”

我一脸垂涎：“好多。”

硬货可以温暖吃货的心，请原谅一个好食者在这寒冷冬日里对于食物的渴求。吃得好点，才有满足感，才能保持好心情。

于是，当天中午的餐桌上，摆了整整一大盘红烧猪蹄。

我啃着，他陪着，不觉得我粗鄙，更不会嫌弃我吃相难看。

正如婚姻中的大多数时候：他陪我疯，却不嫌弃我疯。

他拿出纸巾，边粗鲁地帮我擦净嘴角的油，边嘲笑：“姐，你是有多久没吃

过肉了……”

立刻白他一眼，回敬一句：“你以为从生孩子时的156斤到现在的100斤，只用一年时间，是顿顿啃猪蹄能搞定的吗？”

当然，若是言情剧的桥段，此时必须要用洁白的手帕，标配一脸宠溺的笑。

有朋友问：“你最后为什么会嫁给他？”

想了好久，最后答：“可能是因为，我说的笑话，他都懂吧。”

每个笑点都Get到，也算是默契之一种了。对于文科女、理科男的组合，这点尤为难得。

之后慢慢发现，默契这个东西，于两人的生活中无处不在。

出门可人模狗样、谈笑风生，入家可席地而坐、全无形状。

我永远记不清他的专业是什么，他也搞不明白我所从事的公关行业到底是干什么的，但一切都不妨碍角色转换间，你跟我随，不离不弃。

在爱情中，大家各自端着。就像是在西餐厅里吃牛排，搭配前菜与甜点，再来一杯红酒，刀叉交错，举止优雅，精致装潢的灯光下，连对方的脸都貌似经过美颜。在婚姻里，大家各现原形。你爱玩爱闹小懒惰，我任性刁蛮不讲理。彼此忍耐，团结友爱。

哄睡俩娃后，一起窝在沙发看电影、啃鸭脖、吃零食。他很自然地把最后一枚薯片送到我嘴里。

你看，婚姻中的爱情，有时就是一枚薯片这么简单。

都说有情饮水饱，都说相伴的日子久了平淡如水，可对如我一般贪恋温暖的人而言：牵手，也要偶尔有些小确幸才好；饮水，也要饮得有滋有味才是。

这杯青柠金桔水，我在家中常备。

或许是我对小确幸一词的感受太过敏锐了些，每次捧上一杯，总是比喝白水更觉得傻傻的幸福多一些。

With Eating

青柠金桔水

食材

金桔……………………6 颗　　青柠檬……………………半个

薄荷叶……………………少许　　蜂蜜……………………适量

做法

1. 金桔、青柠檬、薄荷叶洗净。

2. 青柠檬切片，放入杯中。金桔对半切开，把汁挤进杯中，金桔也一并放入。倒入温水，加入适量蜂蜜即可。

3. 可温热着喝，也可放入冰箱冷藏室，随取随喝。追求冰爽的同学，可加入冰块，或者加雪碧也很棒。

一碗随便的饭

讲个老夫老妻的故事吧。

还说时光。

十年前，五十平米小屋。

再远，也不过是你在卧室，她在厨房，声声相闻。

间或三两句闲谈，无非今日少了柴米，明日再添些油盐。

生活琐事，乐在其中。

夜晚时，一床被，两个人。你们总是牵着手入睡。

偶尔还会窝在你的怀里，自然无比。

十年后。

一百五十平的三居室，不算大，却比当年空旷了不知多少。一米二的单人床换成了两米大床。

仍是你在卧室，她在厨房。你对着电脑浏览新闻，她顾着娃们的吃喝冷暖。

话不投机，半句嫌多。

夜晚时，被子两头，你们各据一边。

还没有供暖的帝都冷得不像话，她蜷缩成婴儿的样子，可再不会发一言，让你抱她一抱。

当年，两个人费尽心思想要成为一家。

如今，真正成为一家了，却想要回到互不干扰的两个人。

十年，三言两语道尽。旁人欣羡不已，其中冷暖自知。

就是这该死的时光，残忍而无情。

它将当年风月虐成渣，让有情人相爱相杀。

岁月易老。既已约好白头，为何不能好好相守？

你们，不过是从一米二到两米的距离。

可是，床太大，你太远，她已牵不到你的手了。

这十年，你们可还是当初的模样？

你有多久没有像曾经做过的一般，自然地牵 Ta 的手，暖心地抱 Ta 一抱？

今天带来的是一碗随便的饭。做给我和新丸爸这对普通夫妻，也做给你们。

做炒饭，往往是临时起意，瞧见前夜剩了一碗白米饭，就想着拿什么来配。冰箱里的存货，每样拿出一点，便花样十足。是以，我称之为一碗随便的饭。

这碗饭普通，却配料丰富，每一口都让人满足。正如你我的生活，平淡无奇，偶感乏味。可若细心照料，总能于细微处发现其中的美好。

当 Ta 端上这碗随便的饭时，但愿你不会厌倦。因为，这么平凡而随便，就是生活啊。你总需要耐心一点，才能发现其中的美好。

毕竟，能一辈子为你下厨的人，或许只有这一个。

愿今夜，有人和你牵手入睡。

With Eating

一碗随便的饭

食材

米饭……………………1 碗

培根……………………5 片

豌豆粒………………1 小把

洋葱…………………1/3 个

盐………………………适量

鸡蛋……………………1 枚

玉米粒………………1 小把

胡萝卜………………1/3 根

娃娃菜…………………5 片

生抽……………………少量

做法

1. 随便配料：蔬菜有什么用什么。玉米粒、豌豆粒、胡萝卜切丁、洋葱切丁、娃娃菜切细丝。紫甘蓝、秋葵、黄瓜等均可随心搭配。鸡蛋一枚，打入碗中，加少量水、少量盐，搅匀；油热后入锅，迅速搅拌，煎成鸡蛋碎，盛出备用。培根切小片，也可将大虾去头尾去壳去虾线后切丁。

2. 配角亮相：锅内放油加热，放入培根，以中火煎出油，加大虾、蔬菜类一同翻炒。淋入少量生抽调味。

3. 主角登场：配料七成熟时，加入米饭翻炒均匀。

4. 加入鸡蛋碎，翻炒均匀，加入少量盐（培根是咸的，盐不要放多）、芝麻油、葱花。

1 | 2
3 |

以这碗茴香打卤面，
纪念我们劫后余生的爱情

说起来，《夏洛特烦恼》算是近几年罕有的让我笑中带泪看完的电影了。

电影散场，人们鱼贯而出，或说或笑。

我和他，按习惯等到演职员表出完，片尾曲终了。

他笑着说：“没有彩蛋，不符合开心麻花团队的风格。”

我带着泪问他：“如果给你个机会重回十年前，你会做和当初一样的选择吗？”

他以为我要重复惯常的怨妇口吻，刚要反驳。我继续说：“如果让我回到十年前，我希望还能坚持以前的所有选择，因为，现在已经是我能想到的最好的结局。”

我揽住他的手臂，继续哭，红了眼。他抱着我，轻轻拍。

父母健在，儿女承欢，你在身边，夫复何求？

与他相识七载，结婚五年，生娃两个，签过离婚协议书一张。

从已经下定决心一个人带着娃生活到决定继续在一起，经历了几番挣扎与不甘。

就像是言情小说用滥了的峰回路转桥段。

如今，看着他和儿子一起玩变形金刚、抱着女儿亲得她东躲西躲咯咯直笑，每一个幸福的瞬间，都像是劫后余生。

就像是穷惯了、饿怕了的人，即便吃饱穿暖，也还是后怕不已。时而心悸，之后倍加珍视。

和夏洛梦醒后的心境如出一辙。

过于感同身受，才在电影院里哭成狗。

网络上曾经流传很火的一段话："如果有一天你突然惊醒，发现自己是在高中的课堂上睡着了，现在经历的一切只不过是一场梦。阳光照在你脸上，眼睛眯成一团，你告诉同桌，你做了个好长的梦，同桌骂你白痴，让你好好听课……"

如果重新选择一次，你是否能过得更好些？

终于羞红着脸送出了织给他的围巾，没有错过那个心心念念的男孩；认真学习，终于考上了你仰望的那所大学；提醒好姐妹趁早放弃那个渣男；监督着爸妈一定要健康饮食、注意身体……你会庆幸这一切都有重来的机会，还是会忐忑于未知，害怕再不能遇上现在的他们？

《夏洛特烦恼》，就是这一场黄粱梦。依我看来，马冬梅和夏洛，就是一个美好的童话。

在故事里，执着地爱便会有回报，平淡的生活会有转机。对现实烦透了的夏洛，一场黄粱梦醒，终于知道了马冬梅的好，终于懂得珍惜。

可童话只是童话，你我一般的普通人从不会是其中主角。

初恋最终还是抱着那个啤酒肚，上司还是会把方案甩到你脸上，地铁里你省吃俭用买来的背包终于还是被拥挤的人们拉扯……

你，还是厌倦着身边的一切，渴盼着重头来过。

有些事情，细思恐极。

如果真的让你放弃现在的所有，重回十年前，你是否真的愿意？

说说我的答案。

一开始，我是愿意的——一切还有希望。

细想想，我是不愿的——我有千般舍不得。

我的他，我的一双儿女，我的父母兄弟，还有那么多心地善良的朋友。

是，我喜欢你们在我身边。我害怕重来一次就遇不到你们了。

任性而坏脾气的我，恐怕再没有那么多好运气。

感恩。在我还有心做茴香打卤面的时候，你仍在身边。

不好吃，味道怪怪的，水放少了，这个面又咸了……

不管你的评论如何，我都愿敛了焦躁，微笑听着。

还有你和我笑闹，一来一往，真好。

我想，《夏洛特烦恼》告诉我们的，其实是珍惜眼前人。

和那张离婚协议书告诉我的一样。

决定在一起时，谁都不是心血来潮，谁没经过几番细思量？那么，就莫要轻言离开。

柴米油盐、家长里短，总是会轻易磨平了当年的那点温情。

有太多自尊、束缚、委屈、不甘的情绪激荡在平凡的生活中，一旦找到个出口，便一发不可收拾。

但这围城，这日子，都没你想的那么糟糕。

他爱玩、他不讲理、他粗线条、他不够体贴，可他还半夜给你下面，偶尔买个小礼物藏起来被你无意发现，出差时不忘给你带回当地的小吃，生日时下厨给你烤个蛋糕，尽管笨手笨脚搞得厨房一团糟……

不妨像夏洛一样，对现实心灰意冷时，于午夜梦回处，多想想 Ta 的好。

你们难以回到当年，但至少可以温暖彼此。

生活，绝无从头再来的道理，也没有一场黄粱梦可以醒。

这碗茴香打卤面，你爱吃，我愿意继续做，一辈子。

你不爱吃，你厌弃，那么，你再没机会吃到，这辈子、下辈子，以及永远。

珍惜的，一切都还在。不懂的，亦或太晚懂得的，再无回头路。

这才是生活的本来。

亲爱的，以这碗茴香打卤面，纪念我们劫后余生的爱情。

如果没有这一枕黄粱梦，你是否还爱吃这碗茴香打卤面？这是口味独特、马冬梅做给夏洛、自带煽情符号的一碗茴香打卤面。

愿你身边，始终有那么一个人，对着那碗你亲手做的茴香打卤面悄悄皱眉头，却还是吸溜吸溜吃个精光。

就这样，继续笑闹着过一辈子吧。

With Eating

茴香打卤面

食材

茴香……………………1 小把
鸡蛋………………………1 枚
鲜虾……………………4~5 只
盐、生抽…………………适量
葱…………………………适量
牛肉片……………………150 克
乌冬面……………………1 包
芝麻油、麻油………………适量

1 | 2
3 | 4

做法

1. 葱花切碎、茴香切段；将少量油烧热，下一半葱花、茴香茎部（叶子部分留下备用）炒香，淋入少量生抽，加适量水烧开，下入乌冬面。

2. 待乌冬面七成熟时，打入鸡蛋，加入鲜虾、牛肉片。

3. 关火出锅，加入剩余的茴香菜叶、葱花，加适量盐，淋入芝麻油、麻油。

食一碗饭，念一个人，黯然销魂

说说我们都知道的那个故事。

他与她相识于终南山顶。

他无父无母、顽劣不堪，她清丽脱俗、不食人间烟火。

却在古墓的相依为命中，渐成命中难舍、一世不弃。

他与她别离于绝情谷中。

一别十六年，生死两茫茫，人世相隔绝。

因着崖壁上一句十六年之约，他独臂、独身、独行于这江湖。

除了等待，别无他法。

思念至极处，他独创一套掌法，以江淹《别赋》的“黯然销魂者，唯别而已矣”定名。此即为黯然销魂掌。

创出这套掌法时，杨过吟了一首词：“相思无用，唯别而已。别期若有定，千般煎熬又何如。莫道黯然销魂，何处柳暗花明。”

黯然销魂掌共有十七式，分别是：六神不安、杞人忧天、无中生有、拖泥带水、徘徊空谷、力不从心、行尸走肉、魂牵梦萦、倒行逆施、废寝忘食、孤形只影、饮恨吞声、心惊肉跳、穷途末路、面无人色、想入非非、呆若木鸡。

这一路掌法使下来，实是描尽世间相思人的相似百态。

十六年后，他已是神雕大侠，名满江湖，却依然痴心不改，宛若当年的过儿。

与小龙女重遇的杨过，再也使不出这套掌法。

无他，没了那凄风苦雨、黯然销魂的心境而已。

是了，有了姑姑在身边的过儿，必不复形销骨立状，定是心生无限欢喜。

总有一个人，让你得以保持纯真年少的样子。抛却神雕大侠的老成持重，只做你一个人的顽劣少年。

故事的最后，二人离开这纷纷扰扰，携手归隐。

终成一曲绝唱——

终南山下，活死人墓，神雕侠侣，绝迹江湖。

只留下那传说中的黯然销魂掌，犹自诉说着关于他们二人的执念与美好。

说说我们都曾笑过、感伤过的那部电影。

《食神》里的周星驰问："请问大师，你这一生吃过最好的东西是什么？"

大师回答："施主，这个问题要问你自己才对。"

这段对白让很多人记忆至深。

周星驰最后才悟出，世上最好吃的东西，其实就是于他患难落魄之际，莫文蔚递给他的那一碗普普通通的叉烧饭。

最终的食神大赛上，他端上了这碗饭，取名"黯然销魂饭"。

电影里的评委薛家燕吃完说："这是怎么了，我怎么会流泪呢？有一种哀伤感。"

周星驰说："是洋葱，我加了洋葱。"

薛家燕说："实在太点题了，原来是洋葱。这碗饭吃得叫人感动落泪，怪不得叫做黯然销魂饭。"

使人落泪的，是这碗饭，更是周星驰当年落魄时得遇一份温暖的心境。

那么，你吃过最好的东西是什么？

是飞渡重洋寻味而去的法式大餐，还是找遍街角终于觅得的一份咖喱鱼蛋？

不够，好像还不够好。

是了，这一生吃过的最好的东西，大约只是假期里爸爸做的醋溜白菜、深夜归家妈妈煮的一碗青菜素面，或者，只是冬夜里等在宿舍外的他怀里一直暖着的烤地瓜。

周星驰说，人人都可以成为食神，只要你用心。"用心"，加了这味作料，道道都是人间美味。

生活中的星爷，早已阅尽千帆，人间白头。不知是否也会在某个夜晚，在街角的某家小店，吃到一碗心中的黯然销魂饭？

看周星驰的电影，有的人会笑，有的人会哭。有的人看到无厘头，有的人却看到人生。以前有个星爷粉说："周星驰在他后期的电影里都加了洋葱，所以我们流泪了。"

深以为然。

说说我们都曾听说过的那些故事和结局。

“客官，您几位？”

“一位。”

“小伙子，来点什么？”

“面。一碗。”

落座，独酌。

破落的小酒馆里，再无她与他相偎的身影。

肃杀的江湖路上，再无她红妆嫣然，伴他雪夜仗剑徐行。

从此，不复相见。

古往今来，有些人牵手，有的人离开。

欢喜者稀，黯然者众。

故事的结局，千年不改。

谁的身上，没有二两故事？

谁的人生中，没有个把让你黯然销魂的人呢？

你念过谁？又是谁，在一天的柴米油盐归于平静后，念念不忘着你？

时间是个坏东西。它偷走那个曾经为你暖手的人，又让牵了手的人两两生厌，更让错过的人扭断了颈子，人海中，遍寻不见。

食一碗饭，念一个人。

曾以为，一屋一双人，便是此生。

却如今，一碗饭，一双筷，黯然销魂。

让你黯然销魂的，究竟是那碗饭，还是已不在身边的那个人？你可还能分辨？

今天的这碗黯然销魂饭，只是我心中的样子。

那么，你心中的那碗饭呢？还有，你心中的那个人呢？

With Eating

黯然销魂饭

食材

米饭……………………1 碗
叉烧酱………………3 大勺
蜂蜜……………………适量
青豆…………………1 小把
洋葱…………………1/3 个
青菜……………………5 棵
鸡胸肉………………………2 块
生抽、老抽、料酒………………适量
水淀粉………………………小半碗
玉米粒………………………1 小把
鸡蛋…………………………1 枚
蚝油、盐……………………适量

做法

1. 首先是做叉烧。把鸡胸肉用肉锤或刀背敲打后，切成大块放入碗中，加入三大勺叉烧酱、少量老抽、生抽、料酒，以保鲜膜密封，放入冰箱冷藏室腌制一晚。

2. 第二天，把鸡肉放于烤架上，正反面刷蜂蜜，入烤箱中层；烤盘上铺锡纸，放在烤箱下层接油。烤箱预热，180℃烤制。15 分钟后取出，双面刷蜂蜜，继续放入烤箱烤制 10 分钟。取出，晾凉，切成片。

3. 把腌制叉烧时剩余的料汁放入锅中加热，加入水淀粉搅匀，作为酱汁淋入米饭。

4. 锅中加少量油烧热，放入青豆、玉米粒翻炒至将熟时，加入洋葱丝炒软，加少量生抽、盐、蚝油，翻炒一下就出锅。

5. 锅中加入少量油，煎糖心蛋，表面撒一点点盐。

6. 锅中加水烧开，加少量盐、几滴油，把青菜对半抛开后放入沸水中烫两三分钟。

7. 最后，把所有制作好的食材放入碗中，黯然销魂饭就做好了。

1 | 2
3 | 4
5 | 6

碎碎念

这是小棠菜版的黯然销魂饭，用了鸡肉做叉烧，低油低卡无负担，还可饿了当零食。

大家可根据自己的喜好，用猪肉（梅花肉或五花肉）做叉烧，口味更好，做法大抵相同，烤制时间适当延长即可。

饭在锅里，人在床上

哄娃睡觉中，三岁半的小新哥哥搂紧我说：“妈妈，我想要幸福。”

不禁觉得好笑，问他：“什么是幸福？”

小新哥哥：“就是你抱着我，爸爸也抱着我，你们一起抱着我。”

娃的幸福可真简单。

之前的某天，小新哥哥和新丸爸看新品机器人发布视频。爸爸指着其中一个说：“这个机器人我特别想要。”

小新哥哥：“我明天长大给你买呀。”

爸爸受宠若惊，悄悄跟我说，总算体会到了一回当爸爸的幸福。

就像个喜爱藏猫猫的孩童，幸福总隐于某个角落。

然后悄悄于一餐饭、一句话、一个眼神之间，击中你的软肋，让人瞬间从家庭妇女变身死文青，酸溜溜地感慨生活真美好。

幸福么，就这么简单。

比如，今日雾霾散去，阳光正好。

比如，小新从幼儿园放学归来，一岁多的妹妹快步到门口迎接，两个人亲热地搂抱又亲亲。

再比如，周末早晨，有个人对你说："饭在锅里，人在床上，吃不吃随你。"

十分钟可以做什么？可以玩一会儿手机，可以看一篇文章，更可以给 Ta 做一顿幸福感满满的早餐，让 Ta 的胃与心都暖暖的。

给 Ta 每一个美好的日常，渐渐组成幸福的模样。

最近大爱的超快手早餐——奶酪厚片，十分钟便可搞定。随性的十分钟换来一个美好的早晨，是笔顶划算的生意。

With Eating

奶酪厚片

食材

吐司……………………1 片

鸡蛋黄…………………1 个

奶油奶酪………………1 块

糖………………………1 勺

牛油果…………………1 枚

做法

1. 将奶油奶酪隔水加热软化，加一勺糖搅至顺滑，打入鸡蛋黄（不要蛋清），搅拌均匀。
2. 将搅拌好的糊糊厚厚涂抹于吐司上。

3. 将吐司放入烤箱，上下火 180℃，5 分钟，至表层有焦糖色即可。吐司微微酥脆，搭配醇厚的奶酪，咬一口停不下来的节奏。

4. 如果还嫌不过瘾，在烤好的吐司上加些牛油果丁也是很好的。那浓浓的奶酪香气啊，简直让整个冬日早晨都美好了起来。

这是我做过最糟糕的一道菜

昨晚很心塞。因为把满心期待的椰香紫薯糯米糍做成了一滩烂糊糊。

喂，同学，别笑啦。能不能有点同情心？你们能感受到我的心理阴影面积吗？谁笑谁怀孕，哼！

心中受到一万点伤害。

不就站在它旁边刷了会儿微信吗？不就蒸过火了吗？变形金刚也不带这么任性变形的啊，哭。从很多年前开始做菜起，我就没遇到过脑洞这么大的失败。

感觉厨娘之路走得好艰难。

在厨房呼叫新丸爸："快来快来，给你看个华丽壮观的。"

他闻声迅速奔到厨房。然后，他整个人就笑得花枝乱颤。

他说："还有纹路，好像乌龟壳啊，媳妇儿你真有才。"

我……我能夸奖你有想象力吗，同学？

我递给他一把勺子，示意他挖着吃，还庆幸地说："哎呀真好，幸好铺了油纸，不用刷蒸屉，哈哈。"

他不可思议地盯住我。

我耸耸肩：“嗯，我就是这么乐观的姑娘。”

他抱着赴汤蹈火之心尝了一口，咦？接着又挖了一大口：“矮油，很好吃啊。”

于是，两人站在厨房里，一人一把大勺子，对着灶台上的这一坨努力。

当时，是凌晨一点。希望邻居在窗外看到这诡异的情景不要害怕。

当然啦，我这个暴脾气，让我这么俯首认输，怎么可能？于是，吃完了那一坨，小宇宙储备足能量，从头再来。

蒸紫薯，加糯，包馅儿，上锅蒸。

这次，蒸的过程我专心守在它身边。隔着锅盖上的玻璃望着还不放心，隔一会儿就要打开看看。比看娃还认真，唯恐一不小心重蹈覆辙。

我这脆弱的小心脏经不起一点点打击了。

事实证明，失败与成功不过三分钟的距离。从蒸八分钟减为五分钟，居然成功了耶。

凌晨近两点，我和新丸爸咬着糯米糍。香香甜甜软软的。幸福来得太突然。

他抱怨：“今晚，好像被你的糯米糍吃撑了……”

“可是，它这么好看，你忍心不吃吗？”

With Eating

椰香紫薯糯米糍

食材

紫薯…………………1 个

糯米粉……………100 克

白糖…………………适量

奶油奶酪………………1 大块

黑巧克力…………………1 包

椰蓉………………………适量

做法

1. 把紫薯上锅蒸熟，以筷子可轻松插透为准，出锅放凉后去皮，放入厚的保鲜袋里，用擀面杖压成泥。我用了一个中等大小的紫薯，做成紫薯泥的重量大约是 150 克。

2. 在紫薯泥中加入约 100 克糯米粉，分次加入 2/3 碗水，揉成顺滑的面团。大家买到的紫薯干湿度不同，水量请酌情增减。

3. 我包的馅料是黑白双煞，因为小朋友们既爱吃巧克力，又爱吃奶酪，索性包两种。黑：取一个小块紫薯面团，用手按成饼皮，包入一小块黑巧克力，收口，揉成圆球。白：把奶油奶酪切成小块，取一小块在白糖中滚一圈，包入紫薯饼皮中，收口，揉成圆球。

4. 在蒸屉上铺油纸，将紫薯球放入。锅中的水烧开后，改为小火蒸 5 分钟。取出蒸好的糯米糍，在碗中滚一圈椰蓉就做好了。咬一口，巧克力夹心还会流出来，奶油奶酪夹心也很细腻。糯米糍最好趁热吃，如果一次没吃完的话，下次吃时要用微波炉加热 40 秒到 1 分钟。

1	2
3	4
5	

喧闹中，却是独属于我的“岁月静好”

周末，睡到自然醒。

早晨的阳光透过窗纱，木质餐桌上，清粥小菜、豆浆油条或是牛奶面包，热气袅袅，我们安静地吃早餐，偶尔一两句对话，关于昨晚奇怪的梦，或是今天要去的地方，气氛温馨而宁静。

停，打住。梦还没醒呐?

好吧，不得不承认，这样安静的早餐时光已经回不去了。

有了娃之后，哪天不是鸡飞狗跳?

如今的早上是这样的：

闹钟还没响，小新哥哥已滚到我的身边：“妈妈，我要喝奶。”

我睁开惺忪睡眼，抓过床头的手机看时间——六点四十。

Oh，No！仰面长叹一声。

生了个比闹钟还管用的娃，认命了吧。

我跟他保证：“好，马上去冲奶。”打起精神，努力撑起双眼，在挣脱床的纠缠之前，顺便扫了眼朋友圈。

小新哥哥见状不满意了："妈妈，你就是这样给我冲奶的吗？啊？啊？啊？"一迭声的质问，直让我屁滚尿流冲出去。

我成功撤离后，他又将目光瞄向了睡得正香的爸爸。匍匐过去，兴奋地坐在爸爸的胸口，边左右摇晃边拍着爸爸的脸："爸爸，起床啦，起——床——啦！"当然，声音的威力远不及魔爪厉害，爸爸被拍得睁开无辜的双眼，眼神迷茫。

我心中窃笑：我不是一个人，这真是让人开心的发现啊。

妹妹听到动静，踩着铃铃作响的小鞋子，兴奋地跑进来。她努力地爬上床，一骨碌翻到爸爸身边，和爸爸、哥哥玩作一团。

没当娘时，九点半上班，雷打不动赶在九点冲出家门的我，怎样也想不到自己会有今天。真是印证了那句话："上帝之所以让你成为妈妈，是因为你已足够坚强。"

然而，天知道我有多爱这喧闹。

没有了文艺范儿，再也装不了小清新，却在这片喧闹里，享受着独属于我的"岁月静好"。

虽然安安静静吃顿早餐已是奢望，吃饱、吃好还是可以实现的。

小米粥、蒸红薯、南瓜、芋头，或是做一份配料丰富的三明治加牛奶，总想换着花样。

最近大爱餐包，口感极为柔软细腻，椰蓉和豆沙馅的甜度也是恰到好处，做起来也非常简单。曾经半夜两点钟烤完两大盘，香气逼人，生生克制住了随手吃掉一个的欲望。

面团，是烘焙达人君之的超软排包的方子，我做了些调整，减了糖量，改了揉面方法。这个面团方子非常好吃，几乎做所有的软面包都合适，不妨试试哦。

With Eating

椰蓉餐包 & 豆沙餐包

食材

面团（8 个）

高筋面粉……………………………180 克

低筋面粉……………………40 克

奶粉……………………………………8 克

盐…………………………………2.5 克

白砂糖………………………………35 克

全蛋液……………………………25 克

酵母粉……………………………1 小勺

黄油………………………………30 克

馅料（任选一种即可，如要做两种馅料，量减半）

豆沙馅料…………………………120 克

椰蓉馅料：

白砂糖………………………………30 克

油…………………………………30 克

椰蓉…………………………………60 克

鸡蛋…………………………………1 个

其他

全蛋液………………………………适量

椰蓉…………………………………适量

芝麻…………………………………适量

做法

1. 将除黄油外的面团干性材料都放入面包机中，加入鸡蛋液和适量的水搅拌均匀，选择面包面团模式，开始揉面。约 5 分钟后，面团成形，加入隔水软化的黄油，让面包机继续揉面。揉面加第一次发酵完成，约 1 小时。如果是手工揉面的话，揉成光滑的面团后加入隔水软化的黄油，继续揉至扩展阶段（传说中的手套膜，即拉开面团可以形成薄薄的膜），盖上保鲜膜，发酵至两倍大。如果不是冬季的话，室温环境即可；或放入烤箱中层，在底部放一大碗开水制造合适的温湿度。

2. 将面团分成 8 份，揉匀，排气。把面团用手压扁，包入豆沙馅料或椰蓉馅料。与包包子手法相同，将开口捏紧、揉圆，收口朝下摆放。椰蓉馅料的做法很简单，把黄油隔水软化，与椰蓉、白砂糖、鸡蛋液放到一起，搅拌均匀即可。

3. 把包好的餐包进行第二次发酵。我常用的做法是，放到烤箱中层，在烤箱下层放入一大碗开水，制造发酵合适的湿度和温度。发酵到两倍大后取出，在餐包表面刷一层全蛋液。把椰蓉撒到椰蓉餐包上，把芝麻撒到豆沙餐包上。

4. 烤箱预热 165℃，把餐包放到烤箱中层烤 15 分钟。每家烤箱脾气不同，温度和时间只是个参考，还需自己斟酌。最后几分钟千万记得守在烤箱前随时观察，以保证颜值。

1 2
3 4

CHAPTER THREE

为母

BE A MOTHER

你在长大，我也在摸索着成长。
我在照顾你，你在温暖我。
这互相陪伴的时光，真好。

小朋友都是天生颜控，
所以我做了萌物给他们

怀二宝——小丸子妹妹的时候，我的体重达到峰值 156 斤。坐月子的时候是 140 多斤，面如银盘，颇为自己的身材伤神，只有老妈常说："我觉得你胖胖的才好看。"

好吧，有一种好看叫我妈觉得我好看。

某天，我在电脑前查东西，小新哥哥坐在我怀里。偶然看到一张孕前上班时 OL 范儿的照片，那时 100 斤出头。

小新哥哥开心地指着照片喊："妈妈，是妈妈。"然后，他看看照片，又转头疑惑地看看我，双手捧着我的脸："妈妈，不一样。"

我："什么不一样？"

小新："你和照片不一样。"

我："呃，那我和照片，哪个好看？"

小新："照片里好看。"

我泪奔了。

从那之后，再问他："妈妈好看吗？"小新总是羞涩一笑，默默跑开。为娘的那颗拔凉拔凉的心啊……

现在，我的体重恢复到 102 斤了。再问他：“妈妈好看吗？”

他毫不犹豫：“好看。”

好吧，还有一种好看叫我儿子觉得我好看。

小朋友都是天生颜控，对于美好事物有着发自本能的热爱。

所以，我学做了好多萌物来取悦家中的两个娃。因着一颗献媚于小朋友的心，整个下厨的过程都是欢喜的，像极了等待夸奖的小孩子。

他们也果然不负我所望。

小新一见之下，惊喜地叫出我做的小动物的名字，边吃还不忘鼓励我：“妈妈，你真是世界上最好的妈妈，妈妈你辛苦了，妈妈你可真棒。”

连小丸子妹妹都已经初露“颜控”的本性，抱她去厨房，她看到这些萌物一直伸手要拿，嘴里咿呀着，手舞足蹈。

看到他们这么喜欢，各种满足。

从此，下厨是甘愿。

是以，才有了“萌物志”这个小专题。

我把这些萌物做了个遍，常常在厨房里边做造型边傻笑，因为，实在是太萌了啊！

把这些萌物做给娃，或者你珍视的 Ta，当然，做给自己也是棒棒哒。

方子有些来自君之等烘焙大咖，有些来自美食 App 的普通小煮妇，也有些是自己抖机灵自创。

嗯，每个创建菜谱的人都是天使。

With Eating

日式烧果子

TIPS：日本人把点心叫果子，传统日式的叫和果子，偏西式的叫洋果子，而烧果子就是传统点心的一种。这款日式烧果子，简直萌到让人不忍下口，做起来也非常简单。

食材（11 个）

低筋面粉……………………110 克
淡奶油…………………………20 克
蛋黄……………………………1 个
原味炼乳……………………………60 克
泡打粉………………………………2 克
红豆沙馅料………………………66 克

做法

1. 将炼乳、淡奶油、蛋黄液混合，搅打均匀。

2. 低筋面粉过筛后加入泡打粉以及之前搅匀的混合液，用橡皮刮刀切拌成面团，放入冰箱冷藏半小时。

3. 将面团分成 11 个小面团，每个约 20 克一个。将小面团捏成面皮，每个面皮上放约 6 克红豆沙馅料。把面皮拢上来封口捏紧，团成圆形。

4. 发挥你创意细胞的时候到了，像小时候捏橡皮泥一样，捏出自己喜欢的形状。皮卡丘的两只耳朵是用剪刀剪出来的；招财猫的耳朵，用手捏出一条扁扁的边，中间按压进去；大白和小猫咪就是圆形。

5. 烤箱预热 165℃，把烧果子放到烤箱中层烤 15 分钟。两颗烧果子中间留一定距离，因为烧果子烤制过程中会膨胀。最后几分钟建议守在烤箱边随时观察，上色即可取出。

6. 把黑巧克力用微波炉低温加热一分钟融化，用牙签蘸着巧克力液在烧果子上画出萌萌的图案。一大波萌物来啦，排排坐，吃果果……

1	2
3	4
5	6
7	8

With Eating

小小动物园

TIPS：原本只是想做小狮子的，可我一时兴起，做好狮子后，剩了些两种颜色的面团，尝试着做了胖胖的小羊。又剩下了一点点可可面团，做了几个袖珍小蘑菇。搭配在一起，极为可爱，小羊和小蘑菇都萌萌哒。下厨真是个惊喜的过程，更可借着为孩子们做萌物的由头，找回自己的童趣。发挥创意做起来吧，说不定你可以为动物园里再添些好朋友。

食材

低筋面粉……………………150 克
盐………………………………少许
全蛋液…………………………20 克
黑巧克力……………………1 大块
黄油……………………100 克
糖粉……………………50 克
可可粉…………………12 克

做法

1. 将黄油室温软化或隔水软化，加入全蛋液搅拌均匀。

2. 低筋面粉过筛后加入一点盐、糖粉搅拌均匀，倒入之前搅匀的黄油蛋液，用橡皮刮刀切拌均匀，揉成面团。

3. 将面团均分为两份，一份为原味面团，一份加入可可粉揉匀成可可面团。原味面团、可可面团各留出约 50 克，用来做小羊和蘑菇，其余的面团用来做小狮子。

4. 做小狮子：将原味面团搓成圆柱形；将可可面团整理成长方形片状，长度与原味面团相同，宽度要足够包裹住原味面团；用可可面团裹紧原味面团，整理成表面平滑的圆柱形；将圆柱面团放入冰箱冷冻室，30 分钟后取出，切成厚约 1 厘米的圆片。

5. 做小羊：将原味面团揉成水滴状作为小羊的头，取两份小的可可面团揉成水滴状作小羊的耳朵。另取两个小小的可可面团，揉成圆球。在小羊头部和耳部连接处刷蛋液，将耳朵和可可面团球粘上。用牙签在原味面团上戳两个小洞洞，作为小羊的鼻孔。

6. 做蘑菇：用剩余的可可面团做出相同数量的蘑菇盖和蘑菇柄。

7. 烤箱预热 165℃，把小狮子、小样、蘑菇们放到烤箱中层烤 15 分钟，上色后即可出炉。小羊稍厚，需多烤 3 分钟左右。每家的烤箱脾气不同，温度和时间可略作调节，最后几分钟建议守在烤箱边随时观察上色情况。

8. 把黑巧克力用微波炉低温加热一分钟融化，用牙签蘸着巧克力液给小狮子、小羊画上表情。用巧克力液将蘑菇的盖和柄粘到一起。一个小小动物园就搞定了。

1	2
3	4
5	6

这些萌物，孩子们都不舍得吃掉

给孩子们做东西会上瘾。

因为，为娘的人，是那么贪恋他们见到小萌物时脸上的满足与惊喜。

小新哥哥总是不吝惜他的赞美："妈妈你真棒。"

而我，因此更加义无反顾，投身到了厨娘的队伍。

今天这三款萌物，做给我家小朋友，小新哥哥超喜欢，都不舍得吃掉。

当然，小丸子妹妹还是一贯的女汉子雷厉风行做派，恨不能左手一个、右手一个，嘴里再叼一个。

这么彪悍，是随了谁呢？

With Eating

草莓萌妹子

食材

草莓……………………适量

苹果……………………1 个

黑芝麻…………………少许

做法

1. 草莓洗净，苹果洗净削皮。准备好圆形挖勺（我用的是烘焙用的 2.5 毫升的量勺）。

2. 用圆形挖勺在草莓靠近叶子的那头挖出圆形，在苹果上挖出同样的圆形。把挖出的苹果嵌入草莓的圆形中，点上两颗黑芝麻做眼睛。

With Eating

萌小鸡

食材

鹌鹑蛋……………………………………适量

胡萝卜片…………………4~5 片（切薄些）

黑芝麻……………………………………少许

做法

1. 将鹌鹑蛋、胡萝卜片分别在水中煮熟。

2. 用小刀在胡萝卜片上切出小鸡的鸡冠、嘴巴。

3. 鹌鹑蛋去壳，在鹌鹑蛋较尖的顶端竖切一刀，在距下方三分之一处横切一刀。

4. 在鹌鹑蛋顶端的切口处安上鸡冠，在下方的切口处安上小嘴巴，点上两颗黑芝麻做眼睛。

With Eating

萌小兔

食材

鹌鹑蛋……………………………………适量

胡萝卜片…………………4~5 片（切薄些）

做法

1. 将鹌鹑蛋、胡萝卜片分别在水中煮熟。

2. 鹌鹑蛋去壳，在离蛋黄远的那一面切下一小片，做成耳朵的样子，用剩余的部分作为尾巴。

3. 另选一个完整的鹌鹑蛋，在较尖的那一边三分之一处切一刀，安上小耳朵；在另一端切一刀，安上尾巴。

4. 用酸奶吸管在胡萝卜片上戳出小兔眼睛，在鹌鹑蛋靠近耳朵的一端戳出两只眼睛的位置，嵌进胡萝卜粒，就完成啦。

给我一只龙猫，我能拥有整座森林

一岁多的小丸子妹妹屁颠屁颠跟在快四岁的小新哥哥身后。

当她第三次试图将手中吃到一半、沾满口水的、她最喜欢的小点心塞到哥哥嘴里时，哥哥终于躲闪不过，忍不住向我告状："妈妈，妹妹老是喂我。"拉长的尾音全是撒娇的口吻。

目睹了这一幕的我忍俊不禁。哥哥，你确定不是在傲娇地秀恩爱吗?

秀恩爱戏码还发生在每天下午哥哥从幼儿园回家时，一天未见的妹妹像个跟屁虫一样，哥哥哪里走，她就哪里跟。

把自己的新玩具献宝一般逐一摆在哥哥身边，咿咿呀呀地和哥哥聊天，一日不见如隔三秋的架势。

前几日的睡前故事时间，讲到分享，哥哥突然说："妈妈，我不想分享。"

我正要劝导，他解释道："我是说，我不想和别人分享妹妹。"

哦，我恍然大悟，原来他一直惦记着，担心把妹妹送给别的小朋友。我竟有这样一对可爱的小兄妹。

宫崎骏的电影《龙猫》中，也有这样一对可爱的小姐妹：

在日本乡下的田野，她们欢快地跑来跑去，在爸爸的后车厢里分享牛奶糖。或许所有的小妹妹都一样是跟屁虫。姐姐在草丛中翻跟头，妹妹学着姐姐的动作，软软的一团在草地上滚过去。姐姐在让妈妈梳头发，妹妹抢着也要梳。

一家四口的日子琐碎平常而充满温情，就像我们每个人的日子。如果不是龙猫的出现，让它多了一丝奇幻色彩的话。

森林中有这样的小精灵：它们的身体肥嘟嘟、圆滚滚，它们头顶荷叶做伞，显得滑稽又可爱，它们在树顶吹奏悠扬的乐曲，它们可以召来威风的龙猫公交车，它们让可爱的小朋友在它们柔软的肚皮上睡觉，它们愿意帮助善良的小孩。

这就是龙猫，它只出现在善良可爱的孩子身边。

做一款龙猫餐包，把萌萌的龙猫请回家，陪伴善良可爱的小孩。

给我一只龙猫，我能拥有整座森林，何况，这是一群龙猫耶。

小新哥哥和小丸子妹妹，你们会开心吧？愿你们的小心灵永远美好如今天。

With Eating

爱笑的龙猫餐包

食材

面团（6 个餐包的量）

高筋面粉……………………………180 克

奶粉……………………………………8 克

白砂糖………………………………35 克

酵母粉……………………………1 小勺

低筋面粉……………………………40 克

盐…………………………………半小勺

全蛋液………………………………25 克

黄油…………………………………30 克

馅料（任选一种即可，如要做两种馅料，量减半）

豆沙馅料……………………………………90 克

椰蓉馅料：

砂糖…………………………………………30 克

椰蓉…………………………………………60 克

黄油……………………………30 克

鸡蛋……………………………1 个

其他

全蛋液………………………………………适量

芝士片………………………………………6 片

黑巧克力…………………………………1 大块

做法

1. 将除黄油外的面团干性材料都放入面包机中，加入鸡蛋液和适量的水搅拌均匀，选择面包面团模式，开始揉面。约 5 分钟后，面团成形，加入隔水软化的黄油，让面包机继续揉面。揉面加第一次发酵完成，约 1 小时。如果是手工揉面的话，揉成光滑的面团后加入隔水软化的黄油，继续揉至扩展阶段（传说中的手套膜，即拉开面团可以形成薄薄的膜），盖上保鲜膜，发酵至两倍大。如果不是冬季的话，室温环境即可；或放入烤箱中层，在底部放一大碗开水制造合适的温湿度。

2. 将面团分成 6 份，揉匀，排气。再把每个面团分成一个大面团（做龙猫的身体）、两个小面团（做龙猫的耳朵）。

3. 大面团用手压扁，包入豆沙馅料或椰蓉馅料。与包包子手法相同，将开口捏紧、揉圆，收口朝下摆放。椰蓉馅料的做法很简单，把黄油隔水软化，与椰蓉、白砂糖、鸡蛋液放到一起，搅拌均匀即可。把小面团搓成耳朵形状，摆放在大面团旁边，大面团和小面团不用粘合，发酵后会自动粘到一起的。

4. 面团进行第二次发酵。我常用的做法是，放到烤箱中层，在烤箱下层放入一大碗开水，制造发酵合适的湿度和温度。发酵到两倍大后取出，在面团表面刷一层全蛋液，要贴芝士片的位置不刷。将芝士片修剪成圆形，贴在面团上，作为龙猫的肚皮。感觉胖胖的龙猫餐包已经在向我招手了。

5. 烤箱预热 165℃，把餐包放到烤箱中层烤 15 分钟。每家烤箱脾气不同，温度和时间只是个参考，还需自己斟酌。最后几分钟千万记得守在烤箱前随时观察，以保证龙猫的颜值。

6. 餐包取出后，把黑巧克力融化成液态，用牙签之类的工具蘸着巧克力液，在餐包上画出龙猫的眼睛、嘴巴等。

1	2
3	4
5	

愿你是一直被爱着，
并愿意给予爱的少年郎

小新同学从幼儿园放学归来。一起晚饭时，我和他闲聊：“小新，今天在幼儿园午饭吃什么了呀？”

小新同学继续埋头吃饭：“妈妈，我不想聊。”

哎呦喂，当娘的心被重震了一下。

原来，我的小新哥哥俨然是个大人了。有小情绪，更有自己的小主意。

不觉感慨，第一天送他去幼儿园的样子犹在眼前，看着他的小小背影走进教室，担心、焦虑，心里空落落的。

一年过去，他却已适应了渐渐离开我的日子，有了自己的好朋友，成了小大人。

你在长大，我也在摸索着成长。

我在照顾你，你在温暖我。

这互相陪伴的时光，真好。

四岁的小新，已经特别有哥哥的样子了。

小丸子妹妹哇哇大哭的时候，他会跪在地上，搂住妹妹：“妹妹，别担心，有我中队长在。”

每天晚上放学回来，都要单手搂过妹妹，在她肉乎乎的小脸蛋上亲了又亲，像极了韩剧中的霸气欧巴。

昨晚，我离开房间取绘本的短短一分钟，两个人抢玩具，趴着的小新同学被妹妹重重咬了一口，隔着 T 恤，后背被咬出了一片紫色的淤血。

场面混乱之后，两个人都委屈地大哭。

在我批评妹妹的时候，小新哥哥边哭边说："我再也不喜欢妹妹了。"

我心中一沉，好不容易培养起来的兄妹恩爱情就这么没了？

隔了一会儿，我抱着他，小心问他："你刚才说什么了？"

他边玩玩具边回答我："我说，我最喜欢妹妹了。"

我："嗯？可是妹妹咬你了，那你还喜欢她吗？"

小新："喜欢，我一整天都爱她。"

眼泪差点儿掉下来，我的小哥哥呀！

小新同学，有时仍会有让人忍俊不禁的童言稚语。

妹妹是中发，平时扎朝天辫，所以早上起床时头发一团乱麻，鸡窝状。

小新看到后问我："妹妹的头发，怎么像变形金刚的基地一样？"

新丸爸开车时，坐在安全座椅上的小新说："妈妈，换我开车吧，他刚才说，让我驾驶。"

我疑惑："他？谁刚才说的？"

他一指导航："他说的。"

哦，原来是导航刚才的语音："请小心驾驶。"

在我生气时，他会委屈地控诉："妈妈你太凶猛了，我都不敢说话了。妈妈你太大声了，吵到楼下邻居了。"

太好玩、太可爱、太贴心，这是你们天使的一面。

哭闹、抢玩具、发脾气，这是你们小恶魔的一面。

时而天使，时而恶魔，正是我爱的你们。

焦躁世界中，是你们让我安静。

有你们陪伴，我何其有幸。

我的小新哥哥，四岁了。做了雪人裸蛋糕，以此迎接他的四岁生日。

两个可爱的小雪人相互依偎，就像我的小兄妹俩。

小新同学，愿你是一直被爱着，并愿意给予爱的少年郎。更愿你长大后，是个豪迈而温和、坚韧且善良的男子汉。

雪人裸蛋糕

食材（六寸蛋糕）

蛋白液……………………………120 克
蛋黄液……………………………100 克
牛奶…………………………………45 克
低筋面粉……………………………50 克
淡奶油……………………………300 克
白砂糖………………………………95 克
玉米油………………………………40 克
可可粉………………………………18 克
草莓、蓝莓……………………各十几个
泡打粉……………………………半小勺

做法

1. 制作蛋黄液：在蛋黄液中加入 15 克白砂糖，用手动打蛋器搅打均匀；加入牛奶、玉米油，搅打均匀；将低筋面粉、可可粉、泡打粉混合均匀后，筛入蛋黄液中，翻拌均匀。

2. 制作蛋白糊：将蛋白液放置于无油无水的容器中，打发，分三次加入 50 克白砂糖，打发至提起打蛋器可以拉出直立的尖角。

3. 将 1/3 的蛋白糊，放入蛋黄液中，从下往上翻拌均匀；将翻拌好的混合物，倒回剩下 2/3 的蛋白糊中，翻拌均匀；将混合好的蛋糕糊倒入模具中，在台面上震几下，震出气泡。

4. 烤箱预热 150℃，将蛋糕模具放入下层，烤 50 分钟到 1 小时即可。烤制过程中，随时观察上色情况，如果上色过度，可用锡纸覆盖。烤好后取出，趁热倒扣，待冷却后脱模。

5. 将脱模后的蛋糕横向均匀切成三片。在淡奶油中加入 30 克白砂糖，打发至不流动状态。

6. 装饰：取一片蛋糕片，抹一层厚厚的奶油，摆上切好的草莓片；盖上第二层蛋糕片，继续抹奶油、摆草莓片；盖上第三层蛋糕片，在顶部抹奶油，用整个的草莓、蓝莓作装饰。

7. 做雪人：草莓从顶部 1/3 处切下，挤入淡奶油，用黑芝麻做眼睛，再把切下来的草莓放在淡奶油上，萌萌的雪人就做好了，放在蛋糕顶层的中间位置。筛入一点糖粉，营造雪地的感觉。

1 2
3 4
5 6
7

可爱的小栅栏蛋糕与雀跃的小朋友

离生日还有两个月的时候，小新同学就急切盼望着："妈妈，我什么时候才能过生日啊？"

他所在的幼儿园有个传统，每次有小朋友生日，班里的同学们会一起唱生日歌、分享蛋糕，就像是大家的节日一样，孩子们格外开心。

去年，小新同学的生日恰逢周末，错过了分享仪式。如今他这样充满期待地问，想必是心中羡慕了。不巧，今年他的生日又逢周末。可为了满足他在幼儿园里过生日的小心愿，我做了两个小蛋糕，让他和小朋友们分享。

专门为他做的生日蛋糕——小雪人蛋糕的造型容易破坏，不适合带出门，于是选了不容易变形的小栅栏蛋糕。手指饼干、M&M 豆，都是孩子们喜欢的元素，可爱度和颜值瞬间提升。前一晚烤好了戚风蛋糕坯，早上送小新去幼儿园后，饭都没顾上吃，一直在厨房忙碌到完成。

送到幼儿园时，孩子们已经在教室里乖乖地排排坐，等着生日会开始了。

小新同学见到我带着两大盒蛋糕前来，小脸上满是惊喜和期待。他喊着"妈妈"，扑上来给了我大大的拥抱。

雀跃的不只小新，还有我。一个人在厨房里切水果、摆造型，想到孩子们一定会喜欢，心中都是柔软轻盈。

用我的一双手，满足孩子那颗天真的心，对于厨娘妈咪来说，幸福不过如此。

With Eating

小栅栏蛋糕

食材

可可戚风蛋糕坯（八寸）……………………1 个

原味戚风蛋糕坯（八寸）……………………1 个

淡奶油…………………………………………550 克

白砂糖…………………………………………55 克

水果（草莓、芒果等）………………………适量

手指饼干………………………………………2 包

M&M 豆………………………………………1 包

做法

1. 准备八寸戚风蛋糕坯两个。我做了可可戚风和原味戚风各一个，可可戚风的方子参照前一篇六寸雪人裸蛋糕，食材量翻倍；原味戚风，将方子中的可可粉换为等量低筋面粉即可。在淡奶油中加入白砂糖，打发至不流动状态。

2. 将一个戚风蛋糕坯横向切为两片。取一片，在表面上抹淡奶油，加孩子们喜欢的水果，草莓、芒果、蓝莓、火龙果等均可，我用了最受孩子们欢迎的草莓。

3. 盖上另一片蛋糕坯，将顶部及四周抹匀淡奶油。抹不平整也没关系，稍后用手指饼干可以拯救。友情提醒，抹奶油的时候最好在裱花台或案板上，以免奶油糊到纸托上。抹

好奶油后，手托蛋糕底部，将蛋糕轻轻转移到蛋糕纸托上。

4. 用手指饼干围满蛋糕一周，以稍稍高出蛋糕表面为宜，选择颜色好看的小绸带系好，既漂亮，又可在运送途中起到固定作用。取 10 根左右手指饼干，放到保鲜袋中，用擀面杖压成碎末。把饼干碎末在蛋糕表面靠近外围的位置洒满厚厚一圈，在中间位置撒上薄薄一层作装饰。我用的是好吃点牌的手指饼干，一包饼干围住一个八寸蛋糕，还剩余几根用来做饼干碎末，刚刚好。

5. 将 M&M 豆均匀摆放在饼干碎末上，围成一圈，中间以水果作装饰即可。不用考验裱花功底，不用与奶油较劲，成品一样很美，是裱花无能者的福音。

1 | 2
3

小小少年，这是属于你的童话故事

趁着周末休息，做了一款午睡的熊宝宝，向小新哥哥献宝。

没想到，他真的把它当成了“宝”。

“哇，小熊，这是我的好朋友。”小新哥哥双手捧过盘子，小脸轻轻靠在小熊附近，一副和好朋友相见的亲密样子。

之后，走到哪里都抱着，不松手。

在他的眼里，这哪里是一盘饭呢？分明就是他的好朋友。

自然，他不肯吃，爱不释手地左看右看。

午饭时间，他只把做这道菜剩余的半碗炒饭吃掉了。这结果，也是让我这为娘的大囧。

他还以保护者的姿态，两手护住熊宝宝，不断阻止着妹妹试图伸过来摸一把的“魔爪”。

午睡时，他要我把熊宝宝放到床头柜上，还不忘睡前问候：“熊宝宝，我们一起来睡午觉吧！”

没一会儿，小家伙就进入了梦乡。

嘴巴弯弯的，笑得甜甜的。

不禁感叹，可真是个容易满足的小朋友。

一道菜，就让你拥有了一个彩色世界和美好午后。这是我无意中的最大收获。

梦中，你会遇到熊宝宝吧？你会和他去草丛中大冒险、在游乐园嬉闹，还是去发现未知？

小小少年，这是属于你的童话故事，有爱的，趣味的。

Enjoy it！

With Eating

午睡的熊宝宝

食材

炒米饭

米饭……………………1 小碗

玉米粒…………………1 小把

虾仁……………………4~5 只

葱花、盐………………适量

胡萝卜…………………1/3 个

黄瓜……………………1/3 根

牛肉碎…………………适量

装饰

白米饭…………………适量

西兰花…………………3 朵

胡萝卜条………………2 根

鸡蛋……………………1 个

圣女果…………………3 个

海苔……………………1 片

做法

1. 做炒饭：锅中放入少量油加热，葱花爆香；加入虾仁、牛肉碎翻炒后；加入玉米粒、胡萝卜丁、黄瓜丁；加入米饭（预留少量白米饭，做小熊的头部），少量盐。炒好后盛出备用。

2. 一小锅水煮开后，加入几滴油、一小勺盐，将西兰花和胡萝卜条焯熟。

3. 把鸡蛋在碗中打散，加入少量盐。平底锅中加少量油加热，倒入蛋液，摇匀，不用翻面，定型后即取出。

4. 摆盘：用胡萝卜条做枕头，捏一小团白米饭作为小熊的头部、两个小耳朵、小胳膊。（小窍门：用手蘸点白开水后再捏，白米饭就不会沾手，更利于做小熊的造型。）小熊的身体部位用炒米饭堆好，盖上被子——蛋皮。用海苔剪出小熊的嘴巴和眼睛，轻轻贴上。在小熊身旁摆上西兰花、圣女果作装饰，让小熊好像酣睡在森林里。

有小星星和红果子的厚蛋烧，你看起来好像很好吃

是不是所有的小男孩都喜欢恐龙？

我家小新哥哥对各种恐龙绘本爱不释手，尤其是宫西达也（恭喜大爷）的那套。

其中一本是《你看起来好像很好吃》。霸王龙和刚出生的小甲龙相遇，因为霸王龙恶狠狠的一句——你看起来好像很好吃，让小甲龙误以为霸王龙是自己的爸爸，而自己的名字则是“很好吃”。

他们成了奇异的父子俩。

霸王龙食肉，小甲龙食草，小甲龙“很好吃”每天早晨都翻山越岭去采了红果子来，送给他最爱的霸王龙爸爸。

从一开始的嫌弃，到最后欣然接受，孤独的霸王龙在小甲龙的全然依赖中，渐渐体会到了信任与爱。

在绘本里，红果子是小甲龙纯粹爱意的表达。

这是小新哥哥最喜欢的故事之一。

也向大家推荐据此改编的日本动画片《你看起来好像很好吃》，挑个心绪安静的时候看吧，或许可以幸运地回到童趣和爱的世界。

第一次给孩子们做秋葵厚蛋烧时，我配了新鲜枸杞做点缀。

小新哥哥一见兴奋极了："妈妈，有小星星，还有红果子，好可爱啊。"捧着餐盘，他自称小甲龙，主动把红果子跟自己的"霸王龙"爸爸分享。

心中不由感慨，这么简单的一道菜，在单纯的怀着童心的孩子们看来，居然是满满的童趣和爱意。从此偏爱这道菜。

如今，新鲜枸杞难得，便用了家中的存货——圣女果。对于孩子们来说，有小星星和红果子的清晨，该是美好且欢喜的吧。

With Eating

秋葵厚蛋烧

食材

鸡蛋……………………2 枚

炼乳……………………1 勺

圣女果…………………适量

牛奶……………………2 勺

秋葵……………………2 根

TIPS：我是做给两个小朋友的，所以做了甜口，炼乳也可以用白糖代替。也可以将炼乳换成一小勺盐，就成了好吃的咸口厚蛋烧。

做法

1. 将鸡蛋液在碗中打散，加入牛奶和炼乳，搅拌均匀。锅中加水烧开后，加入一小勺盐和几滴油，放入秋葵焯水 1 ~ 2 分钟，捞出后切去头尾。

2. 蛋卷一：用在平底不沾锅或方形的厚蛋烧锅，开小火加热。锅中加少量油，倒入三分之一量的蛋液，摇匀使之铺满锅底。待蛋液底部成型，表面还没有完全凝结时，在一侧摆放好秋葵，用铲子和筷子配合，卷起蛋皮，并移到平底锅中间加热定型。

3. 蛋卷二：将蛋卷一推到锅的一侧，再倒入三分之一蛋液，待表面没有完全凝固时，以蛋卷一为轴，卷起新的蛋皮。同样移到平底锅中间加热定型，成为蛋卷二。

4. 蛋卷三：用剩余的蛋液重复上述步骤，形成完成版的蛋卷三，移到锅中间加热定型。

5. 蛋卷出锅后切成均匀的厚块，摆盘时配上切成两半的圣女果，用草莓或新鲜枸杞也可以。

1 | 2
3 | 4

小朋友的心思你别猜，猜来猜去也猜不明白

初夏午后，日头暴晒。

从幼儿园刚回来的小新同学，发间满是细密的汗珠，小脸红扑扑的。

要给他做点凉凉的东西解暑，便想到了好玩又易做的盆栽酸奶。

这道甜品，我是躲在厨房偷偷进行的，谋划着直接端出去给他一个惊喜。

没想到，在往酸奶上面撒饼干屑时，他来了厨房，问我在做什么。

我开玩笑："在栽花啊。"

他饶有兴致地看了半天，最后帮我小心翼翼地在"花盆"中间"栽"上了一小簇薄荷叶。

完工后，他很开心，捧着"小花"夸可爱。

让他吃一口尝尝时，他却拼命摇头，坚决不吃。

我诱惑他："尝尝嘛，很好吃的。"

他委屈得要哭出来："妈妈，你为什么要给我吃土？"

简直让人又气又爱。

之后，即便如何解释这是酸奶和奥利奥碎屑，他仍是一口都不肯吃。

新丸爸在一旁对我的遭遇幸灾乐祸，顺便垂涎那两盆"花"。

于是，两份盆栽酸奶都进了他的大肚皮。

作为一个业余厨娘，我是不是要怪自己的复刻能力太强大呢？

With Eating

盆栽酸奶

食材

草莓…………………………5 颗

芒果…………………………2 个

桑葚……………………1 小把

奥利奥饼干··················半包

稠酸奶·····················300 克

薄荷叶························适量

做法

1. 把芒果去皮，草莓、桑葚洗净，都切成小丁。

2. 把奥利奥中间的奶油夹心刮去，把饼干放在保鲜袋里，用擀面杖压成碎末。

3. 在杯子中放依次放入一层酸奶、一层水果丁、一层奥利奥碎末，然后再重复一遍。最后在表面上洒满奥利奥饼干碎末。

4. 放一两片薄荷叶装饰，是不是很逼真？

1 | 2
3 | 4

我爱做，你爱吃，这样就很圆满

出去跟朋友吃饭，我一般会跟小新和小丸子“请假”：“妈妈要出去见个朋友、吃个饭，晚上你睡觉的时候，我就会回来给你讲故事啦。”

小时候还好，如今大一点了，小新同学开始提要求：“我也想见你的朋友，我也想跟你吃个饭。”

可是，带小朋友出去吃饭，真是个头疼的问题。

过来人都懂的：吃什么是个难题不说，往往一顿饭中，有多数时间都在照顾孩子，只待最后大家都吃完了，才狼吞虎咽填饱肚子。

当然，也有极少数的例外情况。前几天，和朋友聚会，小新同学应邀陪同。

地点定在韩寒开的很高兴遇见你餐厅，氛围文艺范儿十足，菜品却未见有亮点。

唯独专门为小新同学点的一道香煎番茄奶酪鸡胸，他非常喜欢，就着一道菜，吃掉了一小碗米饭。

全程表现得像个小天使，着实让我极为省心，差点儿要对这道菜感恩戴德了。

回到家，就动了心思，自己琢磨了一个小棠菜版的香煎番茄奶酪鸡胸出来。

小新很爱吃，新丸爸也很爱吃。

嗯，管它正宗不正宗，我爱做，你爱吃，这样就很圆满了。

With Eating

香煎番茄奶酪鸡胸

食材

鸡胸肉……………………………………………………1 块

圣女果……………1 小把（可替换为大西红柿 1 个）

蒜……………………………………………………………4 瓣

黄油…………………………………………………2 小块

生抽、盐…………………………………………………适量

罗勒叶……………………………………………………少许

蜂蜜…………………………………………………………1 勺

马苏里拉奶酪…………………………………………适量

黑胡椒碎…………………………………………………适量

做法

1. 把鸡胸肉洗净，去除脂肪和筋膜，用刀背反复剁松肉质。圣女果切成碎末，蒜切成碎末蒜蓉。

2. 在锅中放入一小块黄油，加热融化，加入蒜蓉炒香，加入圣女果碎末、一小勺盐、一小勺生抽、少量罗勒叶，炒成浓稠的酱汁。

3. 待酱汁冷却后，腌制鸡胸肉。在鸡胸肉上涂一层蜂蜜，再均匀抹上炒好的酱汁，用保鲜膜包好，放入冰箱冷藏一夜。

4. 把平底不粘锅用小火加热，放入一小块黄油，融化后放入鸡胸肉，煎至两面金黄。出锅装盘，上层撒多多的马苏里拉奶酪碎。

5. 放入烤箱，160℃，烤 3 ~ 5 分钟，至奶酪融化即可。

6. 如果是做给小朋友的，直接吃就很美味了。如果是做给大朋友的，可再撒适量的黑胡椒碎提味。

1 | 2
3 | 4
5 | 5

如何打倒一个妈妈

大概有半月左右的时间，我没有这样安静坐在电脑前了。不是懒惰，也非心躁写不出东西，而是——小丸子妹妹生病了。轻度肺炎，支周炎。

相信所有为娘的都一样：不管人前如何风风火火、简明利落，又或是精致干练的职场白骨精，只要孩子一病，整个人瞬间切换至负能量模式。

要打倒一个妈妈太容易了。

孩子一场小病，足以让妈妈的小宇宙暂时失灵。

好在，妈妈都是钢铁侠一般的存在，打得倒，却打不垮。孩子的病痛过去，妈妈们又满血复活。

小丸子妹妹连续四天高烧不退，动辄39.5℃以上。我的小心脏啊，也跟着坐过山车一样。

她退烧了，我的天儿也晴了。她烧上来，我立刻雾霾爆表。

这几天，她极为黏我。大多数时候都挂在我身上，就像怀孕时一样。浑身滚烫的小人儿，虚弱地趴在我的肩头，小脸儿紧贴着我的脸。

说来也怪，姥姥抱着她时，哄睡了，还可能把她放到床上。

我抱着她，是万万也放不下去的，一旦稍稍离开我的身体，她便敏感地惊醒，哭闹起来。开玩笑说，这是我的小姑娘想让妈妈多抱抱呢。于是，有几个晚上，都这样抱着她，倚靠在床头迷迷糊糊睡着。醒了，就抱着她在客厅和卧室间慢慢走。

养儿方知父母恩。如今，不只要感念父母养育我们的恩情，还要感念他们帮我们养育下一代。

姥姥和我一样，每隔一会儿就要看看她退烧了没。退烧药不管用，为了降温，姥姥和我凌晨三点给妹妹洗温水澡，每半小时擦身一次。一把年纪的人，熬得眼睛通红。

去医院检查，医生让拍胸片。

我和新丸爸跟着进了放射科。我按着她小小的腿，新丸爸按着胳膊。她赤裸着上身躺在机器上，任由强光照着。铅衣盖住了眼睛，她慌乱着扭动，哭声嘶哑，小身体都挣扎得挺起来。那一刻，她该是多害怕。

我只能喃喃着安慰："妹妹，没事没事。"然后跟着落泪。

恰好赶上她的生日。生日前一晚的午夜12点，终于喂完了最后一次药，哄睡她。我和新丸爸到厨房开工，准备给她的生日礼物。

我设想过几种过生日的方式，却没有想到最终会做一款红粉慕斯。有了小女儿后才开始爱这粉粉嫩嫩，这个红粉慕斯真是让人心生欢喜，送给女孩儿再好不过。

吹蜡烛、切蛋糕时，她高烧39℃。

看着我和爸爸、哥哥、姥姥围着她唱生日歌，小脸儿满溢着开心。

我的小姑娘，你对这个小世界还满意吗?

谢谢你，来到我们身边。

愿你一直是个乐观、善良的小姑娘。

With Eating

红粉慕斯

食材

消化饼干（奥利奥亦可）…………120 克
黄油……………………………………50 克
淡奶油………………………………200 克
吉利丁粉……………………………10 克
可可粉……………………………适量
奶油奶酪……………………100 克
糖粉………………………………30 克
柠檬汁……………………………5 克
红心火龙果汁（换为草莓汁、芒果汁均可）……………………………100 克

做法

1. 做饼干底：把消化饼干用料理机打碎，或是放到结实点的保鲜袋里，用擀面杖擀成粉末状，越细越好。黄油隔水软化或用微波炉软化，与消化饼干粉末搅拌均匀。放到 6 寸活底蛋糕模具中，压实。放入冰箱冷冻室，10 分钟后拿出，再次压实。最后，放入冰箱冷藏室备用。

2. 做奶油奶酪糊：红心火龙果去皮后榨汁，取 100 克左右，与柠檬汁混合均匀。在吉利丁粉中加入 50 毫升水，静置，不搅拌，使其吸饱水分。把奶油奶酪隔热水软化，搅拌至顺滑；慢慢加入火龙果汁，继续搅拌均匀；加入吸饱水的吉利丁粉，不断搅拌，直至吉利丁粉全部融化与其中。冬天的温度偏低，为了防止吉利丁粉再次凝固，此步骤全程都隔着热水进行。

3. 淡奶油打发：把淡奶油用电动打蛋器打发，分两次加入糖粉。打发至六成，划出痕迹不马上消失，仍呈流动状态。

4. 混合：将打发好的淡奶油，分两次加入奶油奶酪糊中。每次加入淡奶油后，迅速用橡皮刮刀翻拌均匀。

5. 入模：将混合好的奶酪糊倒入蛋糕模具中。震模，将气泡消掉，放入冰箱冷藏一夜。

6. 脱模：可在底部坐一个水杯，用热毛巾捂住蛋糕模具 10 秒钟，将模具向下缓缓脱出。

7. 装饰：挑选你喜欢的粉筛模具，轻轻筛入可可粉。如家中没有粉筛模具，也可用干净卫生的材质自制，如油纸等，剪出喜欢的图案即可。

1 | 2
3 | 4
5 | 6

家有俩宝是一种什么体验？

很多人都在问我生完二胎到底过的是怎样的日子。

好吧，我只能老实承认，简单说来，就是两个必须：

一、必须要受得了脑子里每天都有三个小人儿在打架。

哪三个？一个文艺女青年，一个贤良家庭主妇，还有一个在装死，幻想着家中的鸡飞狗跳和自己无关，要是能说走就走、说睡就睡就好了……

二、必须要受得了生活中三个小人儿的各种吵闹、各种琐事。

哪三个想必你是知道了：新丸爸、小新和小丸子，柴米油盐、吃喝拉撒、早教升学，巴拉巴拉……无一不在考虑范畴。

二胎妈的标配是：边下厨边看书，边跑步边列今日list，边哄睡边构思下篇文章；曾是手无缚鸡之力女，如今左手三十斤、右手二十斤的娃不费劲儿。所谓精神分裂、一妈多用是也。

听起来生活混乱无序，但是，当两个娃在身边午睡时，一边一个侧卧向我，清浅的呼吸声相和，秋日暖暖的阳光透过窗帘，那一刻，真是无可言说的幸福。

双倍辛苦，亦有双倍收获。

万圣节，为小新同学准备了一份万圣节搞怪便当，二十分钟搞定。

本就是为了讨好他，他很是喜欢。我也算是目的达到。

给当妈妈的你，或者愿意做给另一半的你。有时候，稍稍用点小心思，便会给 Ta 无限惊喜。用二十分钟便能让 Ta 开心好久，何乐不为?

With Eating

万圣节搞怪便当

TIPS：作为一枚任性的妈妈，没有专门去采购，而是在家里随地取材，临场发挥。

食材

全麦吐司……………………………………………3 片

黑巧克力……………………………………………1 大块

好时黑巧克力………………………………………1 颗

白巧克力……………………………………………1 小块

棉花糖………………………………………………2 颗

做法

1. 做蜘蛛：用小刀将一片吐司做成蜘蛛的椭圆形身体。把黑、白巧克力块分别融化（用微波炉低温加热 40 秒即可），用牙签或小叉子蘸着黑巧克力液，在吐司上画出蜘蛛的腿。把好时巧克力修成圆圆的形状，作为蜘蛛的头部。好时巧克力也可以用 M 豆或麦丽素替换。用牙签蘸着黑、白巧克力液，在蜘蛛的头部点上眼睛。最后，把蜘蛛的头部放到吐司上就可以了。

2. 做魔鬼：用牙签蘸着黑巧克力液，在棉花糖上画出魔鬼的表情，如能在头部捏出一根尖尖的头发，就更萌了。棉花糖可以用糯米糍替代，我用的是无印良品的棉花糖。

3. 做杰克：用小刀在一片吐司上刻出杰克的样子，作为上层。根据上层的外轮廓，在另一片吐司上刻出下层的轮廓。在两片吐司中间夹入融化的黑巧克力。

4. 好啦，把蜘蛛、魔鬼、杰克摆放在一起，万圣节搞怪便当就完成了。

1 | 2
3 | 4

春芽的归处，最好是一碗荠菜小馄饨

妈妈从小区外面的林子里挖来一小把新鲜荠菜，水灵灵的鲜嫩。
四月初的荠菜，一天一个样儿。
今天还是几片嫩叶呢，过了一晚，可能就抽出穗儿来，口感老到吃不得了。

春天野地里的荠菜，最好的归处是一碗荠菜小馄饨。
晶莹的馄饨皮子里，荠菜的青翠隐约可见。
宝宝爱吃，大人也喜欢。今晚给俩娃煮了些，两人吃了个干净。
每天为他俩的吃饭问题操碎了心的我，简直感动到眼泪掉下来。
又做了两大盘冷冻起来。明早，一顿方便快手又新鲜的早餐有着落了。

因为这碗小馄饨，得到了俩娃的称赞和沾满口水的吻。
而这，是对厨娘最好的奖赏了。

荠菜小馄饨

食材

包馄饨

馄饨皮……………………………250 克

猪里脊肉…………………………150 克

葱末………………………………适量

植物油……………………………适量

五香粉……………………………少许

新鲜荠菜…………………………1 小把

鸡蛋………………………………1 枚

盐、生抽…………………………适量

芝麻油……………………………适量

煮馄饨

鸡蛋………………………………1 枚

虾皮………………………………1 小把

芝麻油、白胡椒粉………………适量

紫菜………………………………1 小把

生抽、醋、盐……………………适量

葱末、香菜………………………适量

做法

1. 把新鲜荠菜洗净，在沸水锅中焯烫 1 ～ 2 分钟，捞出沥干水分，剁成碎末。

2. 猪里脊肉剁成肉馅，加入盐、葱末、生抽、五香粉、芝麻油、植物油，打入一个鸡蛋，沿同一个方向搅打上劲。放入荠菜末，与肉馅搅拌均匀。

3. 准备一小碗清水，买来的馄饨皮边缘会有些发干，在包的过程中，用清水帮助黏合。馄饨皮是梯形的，在馄饨皮的左右两侧都抹上少量水，放入肉馅，向上折叠两次，将两侧收口、捏紧。

4. 在两侧抹上少量水，向前折，两端黏合在一起。将黏合部分朝上放在油纸上。

5. 把包好的馄饨放在冰箱冷冻室，2 小时后即冷冻成型，用保鲜袋装起来，冷冻保存。

6. 煮馄饨：锅中加清水烧开，放入冷冻的馄饨，加入少量生抽、醋、紫菜、虾皮、少量盐、芝麻油、白胡椒粉，打个荷包蛋或鸡蛋花，撒香葱末、香菜末即成。给孩子吃的话，我一般只在汤中加少量生抽、芝麻油，撒香葱末提味。

1	2
3	4
5	6

你牵着娃，我带着它，去郊游吧

小丸子妹妹出生后，全家着实经历了一番手忙脚乱。

对于刚添小 Baby 的俩娃人家来说，读书、旅行、聚会就不要妄想了，吃喝拉撒才是正经事。

大约经过几个月的混乱无序后，深刻反省不能再这样下去了。

于是，给自己约法三章：

1. 早上十点到下午四点半是工作时间，其他时间全部属于孩子，尽量不谈工作。

2. 每天早上列好 To do list，一项项划勾执行，尽量不拖延。

3. 不管多忙，每周必有一天为家庭日，全天陪娃。

第三点是最喜欢也最庆幸的一个，执行近一年，收获满满。

逛馆是必备的，图书馆、科技馆、博物馆、天文馆；野外郊游更是孩子们喜欢的，野餐、烧烤、放风筝；偶尔还会全家出动 Shopping；总之，我们的规则就是——集体行动。

我和新丸爸常一人牵一个，充当称职的陪娃小能手。

嗯，又到了最爱的家庭日。

大好春光，总让人莫名喜悦，宅在家里便是辜负。

撒欢打滚的娃儿们和新萌发的绿树、青草最配哦。

不如，你牵着俩娃，我带着神秘的它，去郊游吧。

With Eating

水果千层杯

食材

淡奶油……………………200 克

白砂糖……………………20 克

芒果……………………………………2 个

草莓……………………………………5 颗

蓝莓、桑葚……………………各 1 小把

做法

1. 将芒果去皮，切成小块；草莓洗净，切成薄片；蓝莓、桑葚洗净备用。

2. 将淡奶油、白砂糖混合，打发至出现纹理。

3. 将淡奶油装入裱花袋中，以便挤入透明的杯子中。杯子中放一层水果，再挤一层淡奶油，再放一层水果，层层摆好，最后在顶部放些水果块作装饰。

1 | 2
3 | 4

论一碗肉肉的小清新吃法

几年前在怀大宝的时候，和新丸爸两人曾说过玩笑话：如果是生男孩，就叫小新；如果生女孩，就叫小丸子。两个都是古灵精怪惹人开心的货，家里正好凑成一部欢乐的动画片。

没料到，居然真的实现了。

然而，妹妹的名字引来不少意见。先是有老家的亲戚说："不好，不好，这名字多像肉丸子。"

连小新哥哥都有过抗议。

吃火锅的时候，我给新丸爸夹了他最爱的牛肉丸子："来，把这个丸子吃了。"

小新同学不乐意了："妈妈，不行，丸子是我妹妹，丸子不能吃。"

嘿，这哥哥还真是称职。

丸子，在某些地方也叫圆子，比如将瘦肉做成的丸子叫肉圆子，湿法磨的糯米粉做的汤圆叫圆子。

做给小新的这道菜叫珍珠小圆子，想必他不会再因为吃掉"丸子"有意见了吧？

我将它奉为肉肉的小清新吃法。肉肉和糯米搭配，无一丝油腻，分外秀气清新。

端上桌来，一颗颗晶莹剔透，让人忍不住一口吃掉，小新同学果然很是喜爱。

我用了胡萝卜片作为珍珠小圆子的打底。蒸软的胡萝卜片浸润了肉馅的汁水，居然成了小丸子妹妹的最爱。

于是乎，我们吃肉，她吃胡萝卜，各得其所。

一道菜博得两个娃的欢喜，是以，对这道菜更是大爱。

With Eating

珍珠小圆子

食材

糯米…………………………1 小碗

鸡蛋清…………………………1 个

淀粉……………………………1 勺

盐、五香粉、料酒……………适量

猪后尖肉……………………………300 克

葱姜蒜末…………………………………适量

植物油、芝麻油…………………………各 1 勺

胡萝卜…………1 根（可替换为黄瓜或白萝卜）

做法

1. 将糯米提前一晚浸泡。

2. 猪肉剁成馅，也可买加工好的肉馅，一般肥瘦比例为 3:7 的肉馅口感较好，我家吃肥肉较少，所以选了后臀尖部位的肉，基本没有肥肉。在肉馅中加入五香粉、鸡蛋清、淀粉、盐、葱姜蒜末、芝麻油、料酒、植物油，沿一个固定方向搅打上劲。

3. 取一小团肉馅，用手团成圆形，放到浸泡后洗净的糯米中滚一圈，直到圆子表面沾满糯米为止。

4. 胡萝卜洗净削皮，切成薄片，放入盘中打底。将糯米圆子放在胡萝卜片上。传统做法一般是以粽叶或荷叶打底，这样蒸出来会有清香的味道。我家里没有这两种原料，就用了胡萝卜片代替，颜色搭配很好看，蒸熟的胡萝卜片口感软软的，适合小宝宝，算是意外收获。用黄瓜片或者白萝卜片打底，效果也不错。

5. 锅中加水烧开后，把放糯米团子的盘放入锅中蒸 18 分钟左右，即可出锅。

1 | 2
3 | 4
5 | 6

CHAPTER FOUR

为女

BE A DAUGHTER

最平凡的食物里，永远能品尝到最不平凡的百味人生。一茶一饭，一粥一勺，才是家之所在。洗手作羹汤，饭菜飘香间，才是心之所安。只想告诉你，你做饭那么难吃，可我还是爱你。

老妈，换长大的我做饭给你吃

出国读大学的前一天，老妈把我叫进厨房："来，教你做饭。"我知道，老妈是怕我一个人在外喂不饱自己。

父母对我总是担心的。大学之前，担心学习；大学之后，又担心温饱。

远行的儿女们，父母对于衣食住行、吃饱穿暖的关注，简直担心到了极端的地步。塞得满满的行李箱里，牛肉干、香肠占了一半，另外半箱是酸辣汤、胡辣汤、玉米羹之类的各种调料。

在英国留学的日子，半成品牛肉咖喱和培根披萨吃到吐，家的味道成了奢侈。

学会了白水煮面包蟹、黄瓜炒西红柿，还自创了煮意大利面配老北京炸酱。

只有台湾室友用大焖锅煮一锅诱人的关东煮时，才能捕捉到一丝美食的气息。

胃痒难耐，于是心血来潮，花一上午做了老爸最拿手的潮汕牛肉丸。尝尝味道，居然已有七八分相似。像宝贝一样提着那包牛肉丸，坐公交车穿过大半个城市，要与好友分享。

公交车上，努力坐得离身边的印度人远一点、再远一点，可还是难以抵挡一股怪味袭来。直到下车后，味道仍如影随形，才醒悟过来：原来那股奇怪的味道来自自己身上，那是牛肉丸内的一味特殊配料——炒熟蒜末。

难怪车上的老外看我的眼神怪怪的，囧。

离家这么久，久到忘记了小时候看爸爸做牛肉丸时，身边萦绕的都是这股味道。

那曾是小小的我最爱的时刻啊。

异国的雨总是突如其来，那个国度的空气很潮湿，思乡的心也是。

直到回国，回到最爱的人们身边，幸运地遇到爱的那个人，漂泊、安定、结婚、生子。

媳妇儿笑我，黄瓜炒西红柿，亏你想得出来。但却会转身下厨，照着菜谱开始学着给我做各种好吃的。

女儿出生了，老妈抱着她，软软糯糯的一团，对我感慨："你从那么小，一下子就长大了。"

原来长大这样容易。

年少时，以为一切美好都在未来。长大了，才知道一切美好都在身边。

时日平淡，岁月如静水淌过，唯有相爱的人们恒久陪伴。最好的人生，无非每一餐饭都和最爱的人一起吃。美食？那只是我们表达爱的方式而已。

老妈，如今，换长大的我做饭给你吃。

可能笨拙，可能缓慢，然而，对于所爱的人来说，多少时间，都值得浪费。

碎碎念：

这篇文章的叙述者，是小棠菜的 Mr.Right，也就是小新和小丸子的爹。听他讲述这些的时候，直感叹：天下母亲的心都是相似的。是以整理成文。

做一餐饭给最爱的那个人。

请辛苦忙碌的妈妈歇歇，换我给您做道菜吧。

这道菜，名字超美，颜值超高，拿出手可以让妈妈笑哭，从此让她对我的自我照顾能力放心百倍。更可贵的是，快手，好吃，低油，低卡，且看起来十分高逼格。在看颜的社会，这道菜简直就是天然的鱼生赢家。

With Eating

孔雀开屏鱼

食材

武昌鱼……………………………………1 条

料酒………………………………………少量

葱姜丝……………………………………适量

蒸鱼豉油…………………………2 大勺

盐…………………………………………少量

黑胡椒碎…………………………………适量

新鲜红辣椒……………………………3 根

做法

1. 选材：武昌鱼 1 条，以 1.5 ~ 2 斤重为好（鲈鱼、草鱼等都可以），去鱼鳞、鱼腮、内脏，洗净。

2. 切片：剪掉鱼头、鱼尾，去掉鱼鳍，从鱼背部切至鱼腹，鱼腹位置不要切断，每片厚度约 1 ~ 1.5cm。

3. 腌制：把少量盐加入料酒，然后把料酒淋到鱼身上，边淋边用手给鱼按摩，腌制 15 分钟左右。在盘底铺好葱姜丝，鱼尾摆在鱼头下面，将武昌鱼整理成孔雀开屏状。在鱼身撒上葱姜丝。

4. 蒸制：锅中放水烧开，鱼盘上锅蒸制。鱼不大，且已切成片，很容易熟，中火 7 ~ 8 分钟即可，关火后继续虚蒸 2 分钟。

5. 调味 & 摆盘：用蒸鱼豉油、少量盐、黑胡椒碎均匀调汁。黑胡椒碎现磨现用才最提味儿，用研磨瓶来磨很方便。黑胡椒碎简直是所有肉类的绝配，可对食物的味道提升不止一个段位。鱼盘出锅后，挑出鱼身上的葱姜丝，把调好的汁淋在上面。另起锅烧热一勺油，继续淋在鱼上面。把红辣椒切成小圈，摆在鱼肉上，既可提味，又起到装饰作用，成品简直 360 度无死角。

1 | 2
3 | 4

你做饭那么难吃，可我还是爱你

同事说他上幼儿园的儿子总是剩饭，同事教育他："农民伯伯辛辛苦苦种的粮食和蔬菜，你剩下来，对得起农民伯伯吗？"

结果他儿子小手一挥说："农民伯伯辛辛苦苦种的粮食和蔬菜，你为什么做得那么难吃？"同事现在反省中……

当然，以上只是一则流传甚广的笑话。然而在生活中，做个西红柿炒蛋、熬道清粥都会一塌糊涂的厨房小杀手并不鲜见。

日剧《深夜食堂》里有这样的剧情：

美食评论家的妻子因癌症住院。他来到深夜食堂，用淡淡的语气倾诉："我老婆做菜很烂，而我则是在到处寻找好吃的东西时，不知不觉成为人们口中的美食评论家了。不过到头来，还是老婆做的那些难吃的菜最美味。"

他热爱黄油拌饭，酷爱各种美食，但最爱的，却是她做的难吃的菜。

矛盾吗？不。味蕾，天然与感情相关。

所以有秀色可餐，所以有面对某人的味同嚼蜡；所以有食难下咽的海鲜大餐，所以有一碗暖心的青菜鸡蛋素面。

安静的病房里，美食评论家与妻子轻声细语聊着家常。妻子说，是不是窗外的树叶落光了，她就离开了；他则顾左右而言他，温柔念着哪里又开了一家好馆子，许诺着出院之后要带她去吃好吃的。

这是一则温情、治愈的美食故事，更是生活本身。

生活，无非就是这样琐碎的小细节，伴着一餐一餐饭的继续。

知乎上的一个问答很有意思：有个不会做饭的妈妈是什么体验?

回答五花八门，让人脑洞大开，然而在小伙伴痛诉血泪史之余，我看到一个超赞的回答：有一位不会做饭的妈妈，的确少了很多关于童年唇齿间的美好回忆。但后来我想通了，妈妈也只是个普通人，她有擅长和不擅长的东西。而我，可以选择自己将来不要成为一个不会做饭的妈妈，我也可以喂饱自己，还能喂饱我爱的人们——包括我的妈妈。

大学同宿舍的好姐妹，某次熄灯后的例行卧谈会时，聊到大年三十包饺子，她惊讶："啊？饺子原来在家里就可以包？"在她的认知里，饺子这么高难度的食物只有下馆子才可以吃得到，而她的妈妈在家里从不做任何面食。

但是，那又怎样？不会包饺子的妈妈，做饭手残的妈妈，放盐手抖的妈妈，任何菜都能做成一团浆糊的妈妈……这丝毫不会影响我们对妈妈的爱。

我见过很多的人，走过很多的路，吃过很多的大餐，然而还是最爱你亲手做的饭。

最平凡的食物里，永远能品尝到最不平凡的百味人生。

一茶一饭，一粥一勺，才是家之所在。

洗手作羹汤，饭菜飘香间，才是心之所安。

只想告诉你，你做饭那么难吃，可我还是爱你。

父母不会因为你做饭难吃而少爱你一分，却可以因为你做的一道美食，心与胃都更熨帖一分。

那么，何妨一试？

今天这道菜，生来就是为了拯救厨房小杀手的。

这是难度值为零、成就感为一百、5 分钟搞定，鲜掉眉毛的一道菜。

做法简称 3+1——食材只有三样：娃娃菜、干贝、鸡蛋；调味料只有一种：盐。

初春夜，让这一味香盈满室，温暖妈妈的心。

无大火爆炒，无油烟扑面，就这样小火慢煮，终成一锅美味。守在砂锅边，看热气氤，氲静待食物渐渐成熟，总有一种成为美食家的错觉了呢。

With Eating

素赛螃蟹

食材

娃娃菜……………………1 棵

干贝……………………1 小把

鸡蛋………………………2 枚

盐…………………………适量

做法

1. 做准备：干贝十几枚洗净，用半碗热水泡发半小时，泡发的水留下备用。娃娃菜切成丝。鸡蛋磕入碗里，稍稍打散。

2. 上砂锅：将娃娃菜铺满砂锅，干贝置于其上，把泡发干贝的水倒进去，撒一小勺盐。

干贝本身已经很咸了，只需要再加一点点盐提味即可。不必再另外加水了，娃娃菜煮后会出水。

3. 小火煮：盖上砂锅盖，全程小火慢煮。最初时，锅内只有少量水，小火煮能避免糊掉。

4. 等锅开：坐等锅开后，继续小火煮，到娃娃菜八分熟时，将鸡蛋液缓缓倒在上面。

5. 一锅端：待鸡蛋凝结，关火，整锅端上桌。一羹清汤一箸菜，有秋日大闸蟹的味道，美极鲜极。

1	2
3	4
5	

熬一锅海鲜粥，闻香醉卧春风里

读作家马伯庸的《寺贝通津的海鲜粥》，有段话深以为然：“这一锅粥看似普通，可里面心血可不少，怪不得外面的店里吃不到。只有心疼自家亲人的老人，才会不辞辛苦熬出这么一锅暖暖的海鲜粥吧。”

寺贝通津是哪里？这个地名翻译过来，不过就是广州东山寺背后一条通往珠江码头的小路而已。让作者念念不忘的海鲜粥，来自这里的一栋居民楼里，一位朋友的姨奶奶亲手熬制。

正因着地点的寻常，更凸显美食的难得。

金碧辉煌和闪光的招牌下，吃到的是流水线食品，难得真味。窃以为，真正的美食，往往隐于寻常巷陌里，出自一双布满老茧的手。因其用心之故。

做饭和做人一样，皆须用心。

下厨，原因极简单，为的只是让家人吃得更舒心，让他们在繁忙的生活里，品尝更丰富熨帖的滋味。这是特别私人化的行为。

每一道食物的背后，都是对身边人的情怀：他口味清淡、她海蟹过敏、他爱吃辣、她喜食酸，一一照应着，才成就了最后上桌的样子。

因此，同一道菜，你做出来和他做出来的，绝不相同。

前段时间，朋友晒出一锅品相极佳、引人垂涎的海鲜粥。人在西藏，就已按捺不住犯馋。讨教了做法，跃跃欲试。

最近得了闲，便按着步骤走了一遍，当然，照例是根据家人的习惯做了小调整——换了大闸蟹，加了鲜贝和香菜。

熬好的海鲜粥，表面似凝结了一层透明晶莹的米皮，煮开花的米粒隐于其中。

舀一勺，甫一入口，那不可思议的绵软与鲜味，不由得满足地叹息。木勺搅动着，一阵阵香气扑鼻，直让人恨不能醉卧于这春风里。

这是迄今为止，我做过最成功的海鲜粥。不保证正宗，毕竟是私房粥道。但保证好吃，强烈推荐。

请记住两个小窍门：1. 大米要冻过至少两小时；2. 用虾头炸制虾油提鲜。

私房海鲜粥

食材

大米……………………………1 碗

螃蟹……………………………1 只

鲜虾……………………………10 只

鲜贝……………………………6 枚

香葱、香菜……………各 1 小把

葱姜丝…………………………适量

盐………………………………少量

做法

1. 把大米洗过，放入冰箱冷冻室至少两小时以上。冻过的米更容易煮开花，口感也更绵软、黏稠。

2. 把冷冻过的米放入砂锅，加水，米与水的比例约为 1 ∶ 10。大火煮开后，改为小火慢熬，熬制过程中记得经常搅拌。

3. 在煮粥的时间里处理海鲜：螃蟹刷干净，揭开盖，剁成两半。一般用海蟹，因我家的小丸子妹妹近期对海蟹过敏，因此改用了河蟹。把鲜虾切掉虾头，虾头留着备用。把虾身上的虾线去掉。鲜贝一分为二。如果用干贝，需要提前泡发，泡发的水可用来煮粥。

4. 把虾头放入油锅中炸制，待油变成金黄色后捞出备用。这一步是提鲜的关键。炸制好的虾油能瞬间吊出海鲜粥的鲜味。

5. 约 20 ～ 30 分钟后，砂锅中的米煮开花，加入葱姜丝、螃蟹、虾身、鲜贝。

6. 海鲜很容易熟，一般 10 分钟左右就熟了。待粥的黏稠度合适后，倒入炸好的虾油，搅拌均匀，再煮 5 分钟左右即可。加少量盐，撒上香葱末、香菜，即可出锅。

1 | 2
3 | 4
5 | 6

春日好，莫如潜心烹小鲜

一场春雨将至，如预想中的，春芽儿的热闹会如期而来。

香椿芽、荠菜、豌豆苗、春笋、花椒芽、柳树芽……单单提笔写出，都顿觉满纸的春意盎然。

春日好，食嫩正当时，莫如潜心烹小鲜吧。

于小时候的我来说，最易得而平常的，当属香椿芽。

俗语有“门前一树椿，春菜不担心”的说法，我家恰好如此。老家院子里一人高的围墙边，密密匝匝地长着几丛香椿，高的已调皮地越过围墙，矮的将将到小孩儿的膝盖。

每年春天，天渐转暖，晌午的日头照在墙根儿下，晒得人昏昏然，香椿也浸润在初春的日光里，从一个冬天的沉睡中惺忪醒来。

不过一夜的工夫，原本光秃秃的枝干上，就见紫中泛绿的香椿芽争相冒出头来，分外喜人。

香椿芽最好的时节，应是谷雨前。越早，越鲜。

刚冒出头的香椿芽，每日都见长大，凝神，几乎能听到它努力生长的声音。

耐心等它三两日，便可做道独属于春天的菜式了。

母亲是最会挑时候的。待香椿芽长到小孩儿的巴掌大，嫩紫色的叶子渐渐散开，随手摘下一小把洗净，切得细细的，磕了两个鸡蛋在碗中打散，加少量盐，与香椿芽一起搅拌均匀。

油锅烧热，刺啦一声下锅，鸡蛋蓬起，金黄中点缀着星星点点的嫩绿，鸡蛋混着香椿的独特香气四溢开来，让守在灶台边的我口水都快要流下来。

香椿芽炒鸡蛋，佐一碗稠稠的白米粥，新鲜、原味，就像把早春吃下肚。

母亲还常常做一道香椿芽拌豆腐，用新鲜的、带着温度的卤水豆腐，只加了薄盐，点几滴芝麻油，清香爽口，最适合冬去春来、万物皆燥的时刻。

也有炸香椿鱼儿，裹了面糊炸制、撒上椒盐，我不喜，总觉得用油炸了味道太重，破坏了香椿芽的嫩和鲜。

香椿一般都长到一人多高，方便人采摘，举手可得。也有不老实的，长成了一棵越过房顶的树，这是颇让人头疼的顽皮分子。

好在早有贪食者备好了工具——三四米长的木棍，顶上绑好一把弯弯的小刀，瞄准，轻轻一勾，一簇新鲜的香椿芽便轻飘飘地落下来。

守在树下的小孩子欢呼着跑过去拾起，又抬头眼巴巴地等着第二簇。

香椿，是顶大方的。摘过一轮新鲜嫩芽，干枯的枝丫间，还会有芽不断再长出来，争先恐后，生生不息。第一轮的嫩芽是最鲜的，过了近十天的次之。到了第三轮，就不能这样一簇簇摘了。

小时候，帮母亲摘香椿，母亲总是嘱咐，不要把嫩芽都摘掉，否则，它就再也生不出新芽。

我学着母亲的样子，摘下外层已经散开、逐渐由紫转绿的叶片，留下中间最嫩的三四个小叶片。

它会慢慢长大，成为夏秋季茂盛热闹的主角。这是朴素的对自然敬畏的方式吧。

过了口感最嫩的两周，香椿芽儿就老了，口感变差，可见也是个娇贵角色。

每年春天，那几丛香椿树都带来了丰盛的礼物，送了左邻右舍、亲朋好友，仍是采之不尽。

为了不浪费这好食材，母亲很是花了些心思：将香椿芽摘下，用盐腌渍了，待半干时，一绺绺密封起来。

想念香椿的味道了，就取出一小把，泡水滤去多余的盐分，按香椿炒鸡蛋的做法，做一碗春天的味道。

如此，可以吃一整年。香椿芽，随处可吃，可母亲的心思，就不是随处可得了。

托了新种植方法的福，一年四季都可吃到香椿。只是变换了一种形式，从香椿芽换成了人工种植出的香椿苗。

香椿苗拌豆腐丝、香椿苗拌核桃仁、香椿苗拌豆腐，秋冬季吃来，确实爽口，滋味却略显寡淡，怎样也不似香椿芽醇厚的香气和脆嫩。

春芽的时节之鲜，绝非温室大棚所能比。

即便离了故土，儿时的味觉记忆还在。

早春时节，我常去买了一小把香椿芽，炒鸡蛋或是拌豆腐，私以为这是春天的第一口味道。

香椿芽，爱的人欲罢不能，不喜的人闻之掩面。我是独爱的那一类，概因其有儿时的记忆，更有母亲的味道吧。

With Eating

香椿芽炒鸡蛋

食材

香椿芽……………………1 小把

鸡蛋…………………………2 枚

盐……………………………少量

做法

1. 把香椿芽焯水 1 分钟，洗净，切碎。
2. 两个鸡蛋磕入碗中打散，加入剁好的香椿芽儿、少量盐，搅拌均匀。
3. 锅中放一小勺油，烧热后，倒入香椿鸡蛋液，略定型后用筷子搅散，盛出即可。

碎碎念

香椿芽越鲜嫩越好，尤其在发芽初期硝酸盐含量较低。随着香椿芽的长大，硝酸盐含量会逐渐增加。所以，如是市场上买到的，或没那么鲜嫩的，可用沸水汆烫 1 分钟，食用更安全，风味仍在。

腌制也同样如此，尽量选择新鲜的、嫩的香椿芽，焯水后腌制，至少两周后再食用。

那个年代，冰棍两分，桃酥八毛，少年淳朴

他裹着素黑棉袄、光头，骑辆二八自行车，风一样从村口掠过，赶往相亲地点。

她梳着两根油亮的麻花辫，穿一件簇新的碎花对襟棉袄，恰站在不远的田埂处，眼瞧着他经过，心知，来相亲的就是这个人了。

这是他们的第一次见面。

家人很是满意，媒人几番撮合，她终于点了头。

第二年，锣鼓喧天中，她嫁到了绿树成荫的大院儿里。

那个年代，冰棍儿两分钱一根，桃酥八毛钱一斤，少年淳朴天真，村庄静谧安详。

日出而作，日落而息，鸡啼犬吠，星子闪耀。一天天，一月月，一年年。

这对年少夫妻，大概以为接下来的几十年都会如此简单。

谁料世易时移，命运几番辗转。

她跟着他跑遍了南北，从鲁豫到巴蜀，从村庄到高楼。

一晃三十余年，白了少年头，皱了少女的脸。

如今，他们牵着我的儿女的小手，如同每一对路上遇见的平凡老人。

几十年前的夜空，繁星闪烁，银河灿烂，黄瓜藤与豆角架下，蛐蛐儿热闹地叫着。

在那样的夜空下，由不得你不踏实。

如今，即使得了空闲，再回到山里过周末，满怀着希望看向夜空，也不过零星几颗点缀其间，勉勉强强，方可依稀分辨出北斗七星和熟悉的仙后座。

再也不是几十年前的模样。

谁说宇宙浩瀚、静默无言？

它分明已在几十年的岁月中，日日诉说着凋敝的光景。

很多地方、很多回忆，如时光一般，再也回不去了。

曾经的真实，如今，只存在于老一辈人的故事中。

老妈说，他们年少时，逢了年节，才舍得买八毛钱一斤的桃酥，用油纸包裹着，小心雀跃地提回家。那时，猪肉也不过这个价。

几十年过去，或许是因着小时候的记忆，老妈还是最爱吃这一口儿。

传统桃酥

食材

普通面粉……………………………210 克

全蛋液………………………………50 克

核桃仁………………………………60 克

白糖…………………………………80 克

植物油……………………………110 克

泡打粉…………………………1/2 小勺

小苏打…………………………1/4 小勺

黑芝麻………………………………少许

做法

1. 将核桃仁放在烤盘中，放入烤箱中层，160℃，7 分钟，取出切碎。

2. 将植物油、白糖、30 克搅打好的全蛋液倒入大碗中，混合均匀。

3. 将面粉、泡打粉、小苏打这三种粉类混合均匀，筛入混合好的蛋液中，加入切好的核桃碎。

4. 将混合物用刮刀搅拌成湿润的面团。

5. 将面团分成约 30 ~ 35 克一个的小面团，揉成圆球。

6. 将圆球面团轻轻压扁，在表面上刷全蛋液，撒上黑芝麻。

7. 放入烤箱中层，175℃，烤 15 分钟左右，上色即可端出。

1	2
3	4
5	6
7	8

那座小院儿里，梨花又开放

时常想起老家的老宅子，还有那一院子的回忆。

前院后院，绿树葱葱，蔬菜满园，井水清凉。

窗前是一棵两人高的雪花梨树，春时梨花如雪般盛放，秋来梨子喜人地挂满枝头，明明身材瘦弱，偏偏总是丰收，勤勤恳恳地，一年又一年。

屋后紧挨着的，是高过房顶、绿伞如盖的杏树，如小孩儿拳头大的杏子，汁水丰盈、甘甜无比，这棵树，是爷爷奶奶栽下的，伴了父亲的成长。

还有一棵不起眼的黑枣树，总是静悄悄地生长着，不必特意照顾，亦没有鲜艳的花朵果实引人注目，每每让人忘了它的存在。只待秋末冬初，其他树木凋零，它才以满树的黑枣给人大大的惊喜。

小院儿里爬满了牵牛花，清晨，晶莹的露珠伴着，牵牛花有紫的、白的、红的，开得热闹极了。

百花深处这座小院儿，藏着我假小子般自由欢快的年少时光。

总是难忘这样的情景：夏日晌午，白花花的太阳光晃着，热风从窗户吹进来，知了在外面拼命地叫，像是也因这热气焦躁着。我在大屋里睡着午觉，热到冒汗。

不管什么时候醒来，喊一声妈，必然会听到母亲或在菜园或在厨房里遥遥应一声，立刻放下心来，胡乱抹一把脖颈的汗，倒头继续睡去。

母亲总会把西瓜放在藤编的提篮里，以一根粗绳系好，吊着缓缓垂放到井里，在临近水面的位置固定住。井水凉气逼人，是纯天然的冰箱。

睡醒了，吃块冰镇的西瓜，顿时一扫燥热，神清气爽。

那时候多好，没有大城市，没有空调没有楼，不管是热还是冷，都是真实，都是踏实。

小时候不懂，现在才开始怀念。怀念那些炎热的夏日，怀念被捧在手心的日子。怀念曾经无忧无虑的自己，怀念回不去的年少时光。

想起陈凯歌导演的短片《百花深处》，就像电影里的冯远征一样，我再也找不到老宅前院那棵开满雪白花朵的梨树了。

随着小院儿里燃起的一把火，爷爷奶奶对小孙女的百般疼爱，父母从相亲到结婚生子的点点滴滴，我那已被遗忘殆尽的自由而美好的童年，都去了。

和我一样，老妈也总是念叨着那棵雪花梨树。

买了几颗梨子，熬了小吊梨汤给她，就在这清甜滋润里回味梨花又开放的小院儿吧。

With Eating

小吊梨汤

雪花梨……………………2 个　　　　话梅……………………3~4 颗

冰糖……………………15 粒

枸杞……………………10 粒左右

银耳……………………1 朵

做法

1. 用盐搓洗梨皮，清洗干净后，削皮去核，梨皮备用，梨肉切成小块。银耳提前两小时勇温水泡发，去根后洗净，撕成小朵。

2. 在锅中加入相当于雪花梨重量两倍的水，烧开后放入梨肉、银耳、枸杞、冰糖、话梅以及削下的梨皮。梨皮可使汤色更浓郁，话梅增了几分酸甜，银耳的胶质可让梨汁顺滑滋润。

3. 锅上加盖，小火熬煮，熬至汤量减少 1/3 后关火，大约需 1 小时。

4. 出锅时用滤网滤除杂质，即可得一杯清亮的梨汤，入口酸甜适度，润喉润心，夏日喝来再好不过。挑出梨皮，剩下的是一碗冰糖雪梨银耳，冰镇后喝也很爽口。

1 | 2 | 3
4 | 5

唯有你，是我心中永远的大厨

每次新丸爸出差回来，一进门，小丸子妹妹总会 Piapia 地小步颠着跑过去，胖胖的小脚丫砸在地板上铿锵有力，身体像小企鹅一样一摇一摆的，动作可爱又迅速。

到了门口，她伸出小手抱住爸爸的腿，小脸儿奋力向上仰望着爸爸，软嫩的声音喊着："拔八……"

第一个"爸"音调是二声，第二个"爸"音调是一声，且必是拉长了尾音的，满满都是撒娇的意味。

爸爸抱起她来转圈圈，拿胡茬扎她，她躲到爸爸怀里咯咯直笑。

有一阵子，她看到什么都喊爸爸。见我回家，兴奋地喊"爸爸"；迎接哥哥，开心地喊"爸爸"。这待遇，直让爸爸恃宠生娇，得意不已。

女儿与父亲啊，真是上辈子的情人，这辈子活该疼她。

每次看到他们俩腻在一起的亲密样儿，总会想起我的父亲。当年，我和他，是不是也像如今的小丸子和爸爸一样呢？

三十年倏忽而过。

如今，倔强任性的小女儿已为人母，曾年轻气盛的父亲已过半百，历尽人生百味。回想起来，不胜唏嘘。

父亲一生经历坎坷颇多。

家中五个姊妹，只他一个独子，小时候得宠，年轻时走南闯北，做过各色靠谱不靠谱的生意，中年时意气风发，不算暴发户也相去不远。

既有一朝得势，便难逃一朝失势，一夜之间一落千丈。父亲那时在南方一个小旅馆里待了好几天，长了满嘴的水泡，他说他想过轻生，可一想到我们娘儿仨，就决意要撑下去。

我一点点看着父亲，从意气风发的时候到了如今的失意沧桑，却只觉得佩服。那么艰难的日子，他都挺过来了。从没听过他抱怨，也没看过他绝望。

从年少时起，父亲就有一大爱好——吃。他不仅爱吃，也爱做，手艺极好。我想这点我是随了他的性子。

小时候，他告诉我说，他是一级厨师，我信了好多年。

儿时的大年三十，父母忙碌着准备年夜饭，我和弟弟穿着新衣欢快玩耍。

灶间的大铁锅里，猪骨和五花、肥肠在浓郁的肉汤中翻滚，咕嘟咕嘟冒着泡儿，燃得正旺的柴火劈啪作响，空气里到处都弥漫着馋人的肉香。

父亲一手执锅铲搅动大锅里的猪骨，一边教我背花椒、大料、桂皮、茴香、肉蔻、陈皮、香叶等各式调味料的顺口溜。

后来，春节他亲自下厨，给不回家过年的工人们做糖醋肘子、松鼠桂鱼，一个人撑起一顿丰盛的年夜饭。

某次，下馆子吃了道鳝鱼圈，他回家就买了小鳝鱼各种尝试，一定要做出相同味道才罢休。有人送了条大鲶鱼，他立刻在院子里搭起个临时的大灶，做了铁锅垮炖鲶鱼，引来一群馋猫，吃过的人们都极力怂恿他开个馆子，只卖这一道菜。他清炖的鸡汤鲜甜，长大独立生活后，我再没喝过那么好喝的鸡汤。

父亲有一儿一女，却没有老辈人传统观念的重儿轻女，儿子、女儿一样疼。

我爱吃他做的醋溜白菜，每到放假回家，大忙人的他，却时常中午顶着日头赶回家，炒个醋溜白菜，再急匆匆赶回去工作。

读大学时，暑假开学，他送我到火车站，因为他还要赶回程的大巴车，我要他先走。目送他走了，我感伤的眼泪还没擦净，又在人群中看到他挤过来，不由得破涕为笑。他递给我一大包刚买的零食，再次细细叮咛嘱咐一番，这才依依不舍地走了。

刚大学毕业参加工作时，正是家里生活最艰难的时候。但父亲的脸上，从没断了笑容，也不见愁苦。

那时，我每天下班都很晚，坐上通往郊区的公交车，两个多小时才能到家。

寒夜里，总能看到父亲单薄的身影，推着自行车，在站台的阴影里等我。

从车站回家，走路不过七八分钟的距离，他却担心我不安全，坚持接送。

后车座上，我像个小女孩儿一样靠在爸爸的后背上，他瘦了好多，对于我来说，却还是一样的坚厚踏实。

我鼻子酸酸，用正常语调开心地和他讲着工作上的趣事。

今年，我和新丸爸要回他的老家过年，父亲提前来家里，看望他一直想念的小新和小丸子，还有帮我带孩子的老妈。

临行时，老妈送他。

他们两人一前一后，隔着几米的距离，就这样沿着小路默默走。

我抱着女儿，站在十六楼的阳台上，看着渐小的缓缓行走的他们，哭红了眼。

闺蜜说起，几年前我结婚的那天，父亲对她们说我是个好孩子，眼里都是不舍女儿出嫁的神色。瞬间又被戳中泪点。

父亲，父亲！

唯有你，是我心中永远的大厨，是我心中最伟岸的那座山。

With Eating

父亲的清炖鸡汤

食材

土鸡……………………………………………1 只

松茸（可替换为香菇）…………………5 朵

白酒…………………………………………2 大勺

冰糖……………………………………5 粒左右

桂圆干……………………………………3 颗

红枣………………………………………4 颗

枸杞……………………………………10 粒左右

姜片………………………………………适量

盐………………………………………少量

做法

1. 把土鸡切成块，剪掉鸡指甲、肥油，用水反复冲洗净血水，以凉水浸泡，并换水 3 次以上。将鸡块放入冷水锅中，加入姜片，中大火烧开，不断撇去浮沫。

2. 捞出鸡块，加入烧开的水，一同煮开后，再次撇去浮沫。将鸡块与水转入砂锅中，加入松茸或香菇（需提前 2 小时用温水泡软）、姜片、白酒、冰糖、枸杞、红枣、桂圆干（去皮）。

3. 砂锅上加盖，用小火炖，炖约两小时左右就好了，炖的过程中不要开盖。

4. 喝汤时加少量盐，可根据个人习惯加香葱末、香菜末增鲜。

最平凡的你，却是我的世间最好

“问世间是否此山最高，或者另有高处比天高。在世间自有山比此山更高，但爱心找不到比你好。在我心，世间始终你好。”

这首《世间始终你好》是 1983 年版《射雕英雄传》的主题曲，当年流传甚广。然而，原本是写武侠、咏爱情的歌词，却只让我想到平平凡凡的你。

人人都说二胎妈有勇气，人人都说我一儿一女有福气，我却以为，如今更应创个新词——二胎姥姥。

二胎生活，艰辛几多，背后付出最多的，是你。

你今年五十六岁，外孙四岁，外孙女一岁半，来到北京三年，你带大了两个孩子，至少经手了 3000 块纸尿裤，冲了 4000 瓶奶。

皱纹，沧桑，身材胖得走形，没有大愿望，只有世俗的眼光与心性。在别人眼中，你是这样的。然而，最平凡的你，却是我的世间最好。你是我心中最棒的二胎姥姥。

和友人聊起父母的话题，有几位朋友因为相处方式或性格原因，始终与父母有隔阂，或怨恨，或不亲近。可从小学三年级便寄居亲戚家的我，从没怨过，与你更无隔阂，反而常像个十几岁的小女孩儿般撒娇、耍赖，和你一起做饭、聊娃，母女亲近无比，偶有因育儿方式不同拌嘴，也是以你的不计较作结。我知道，不

是因为我把自己的心理调整得有多好，而是你做了那么多，多到我不得不感恩，多到我会永远相信：你爱我。

正如妈妈的平凡却伟大一样，在小棠菜的心里，即使最平凡的食材，也可以有最好的滋味。

With Eating

日式大根烧

食材

白萝卜……………………………………1 根

高汤（排骨汤、鸡汤等）…………………1 碗

生抽……………………………………2 大勺

白砂糖…………………………………1 小勺

做法

1. 把白萝卜洗净去皮，切成约 2 ~ 3 厘米左右的厚片。

2. 将白萝卜片和高汤放入锅中，中大火煮开（我用了鸡汤，加了两小勺盐，也可以用排骨汤等），改为小火，煮至萝卜软且透明，约 20 ~ 30 分钟，筷子可轻松插入即可。

3. 将生抽与白砂糖放入平底小碟，搅拌均匀。在白萝卜两面用小刀划出网格状纹理，使之更加入味。将白萝卜两面蘸满生抽与糖的混合液，然后在放少量油的平底锅中煎至两面焦香，出锅后在表面撒香葱末装饰即可。表面焦香，内里软糯多汁，简直好吃得不可思议。晚餐一根没够吃，临时又煮了一根，可见这大根烧的妙处。

1 | 2
3 | 4

最难忘，是家乡味

有儿时的小伙伴问我：十几年没回过老家了，小时候那些好吃的你还记得吗？

当然。吃货的记忆是由味蕾决定的。

儿时美食之一，就是乡野之物——懒豆腐。这是妈妈那一辈人常吃的食物，是属于我家乡的隐藏菜单。原以为只有我的家乡才有如此吃法，查证一番才知，原来懒豆腐是河北许多地区的农家，以及鄂西北、鄂西南土家族山区的做法。著名的美食家、四川人二毛在他的书里也提到过这道菜，他们当地人称之为“菜豆腐”。二毛极爱这道妈妈做的家常菜，每次吃完蘸水菜豆腐下苞谷面饭之后，二毛的母亲总会对他说：“二毛，肠子都胀断了啊！”

嗯，小时候，我和弟弟每次吃完也这样。

将泡好的豆子磨成浆，加入青菜煮熟，配好香辣的蘸料即可。因为不用过滤豆渣、不需要加卤水点制，十分方便，故得名“懒豆腐”。传统的做法是这样：摆一方小小的石磨，将泡胀的豆子填进上方的孔里，缓缓倒入清水。随着石磨的转动，就见微黄色的豆浆沿着石磨周围蜿蜒而下，渐渐汇集成一股，流入备好的瓷盆中。

小时候，妈妈做这些时，我总在她旁边撒欢儿，偶尔抓起一把胖豆子填进孔里，或帮她转几下石磨。豆浆混着豆渣一同入锅，加入野菜同煮。到煮熟出锅时，灶间飘来的豆子清香馋死个人。

如今，没了原生态的石磨与野菜，懒豆腐的味道似乎也浅淡了许多。

可身在异乡，仍是念念不忘。幸好妈妈在身边，仍能用些现代工具做出当年的味道。常央求妈妈做了一大锅，弃了主食，一顿饭只吃这个，直到肚儿圆。

妈妈看着我又爱又恨：你这个没出息的。

今天，就让我仿照妈妈当年的样子，为你做道家乡味吧。

With Eating

家常懒豆腐

食材

青菜（大白菜、鸡毛菜等）…………1 把

花生……………………………………1 小把

香菜……………………………………1 小把

干辣椒…………………………10 个左右

花椒油…………………………………少量

黄豆…………………………1 小碗

白芝麻、花生碎……………适量

香葱…………………………1 小把

芝麻油………………………1 小勺

生抽、盐……………………适量

做法

1. 将黄豆与花生提前一夜洗净、泡软。

2. 将泡软的黄豆、花生加入 1.5 倍的水（比做豆浆的水少），放入搅拌机中打碎成糊，打磨得越细越好，太粗糙有颗粒感，口感不好。也可以使用豆浆机，我家的豆浆机是边煮边打碎，打碎三次后，不等它完工就提前关掉，因为打出来的豆浆糊糊略稠，避免把加热管糊掉。

3. 将豆浆与豆渣混合放入锅中，中小火煮至滚开，期间不停搅拌，以防糊锅。加入准备好的青菜，荠菜、娃娃菜、大白菜、鸡毛菜、油麦菜、茼蒿、菠菜等都可以，你任选一种喜欢的就好。

4. 继续小火煮，不停搅拌。用搅拌机打碎的，需煮得时间略长些；用豆浆机打碎的，因为经过了煮制过程，可时间略短些。煮熟后，加盐调味（千万不要做咸了，吃的时候还有蘸料）。如果锅底有一层薄薄的锅巴就更好了，不要扔掉，尝尝看，香香的。

5. 制作蘸料：把干辣椒切碎，锅中放油加热至略冒烟后，倒入辣椒碎，边倒边轻摇锅，以防糊掉，制成辣椒油。将多多的香菜段、多多的香葱末、辣椒油、花椒油、芝麻油、生抽、盐放入碗中，搅拌均匀，撒上白芝麻、花生碎，蘸料就做成了。懒豆腐要配着蘸料才好吃。

1 | 2 | 3
4 | 5

APPENDIX

番外 风物

SCENERY

好物知时节。时候不到，即使勉力追求，到手了也难免味道不对。时候到了，水到渠成，好东西自然就来了。可能世间万物也是如此。不妨耐心一等。

念山中时日

今日，京城飘小雪。每年到这个时节，住在大山里的二姨寄来的野生栗子便到了。

是表姐、姐夫两人开着新买的五菱家用车，沿着村里新修的盘山公路，到二十多公里外的镇上，快递给我。

一个厚厚的大纸箱快递过来，一路搬上来的快递小哥喘着说："这是什么东西，太沉了。"

拆开来，是纯白的棉布袋，手工缝了两层。仔仔细细，针脚甚密。也不知年近六十、已经眼花的二姨，在灯光昏暗的山间小屋里缝了多久。

这是每年都会收到的，最期待、最特别的快递。

在这个速食的年代，还能有谁，将乡野之物装进亲手缝制的布袋，再一点点以针线封口，用心至极。

奔波千里而来的一粒粒野生栗子，深棕色，有细细的沙土包裹，触手凉极。

山里的保存方法很原始，是祖祖辈辈传下来的：

秋天，高大粗壮的栗子树下，掉满了周身布满尖刺、极像小刺猬的栗子。山间正午，日头毒辣，直晒到栗子有刺的外壳迸开。将栗子收好，一股脑埋进微潮的沙土里，想吃的时候，便挖出些解馋。如此，可以一直吃到来年春天。

我是等不及的。

收到了，便一粒粒洗净，冷水入锅，中火二三十分钟煮熟。沥干水分，用小刀在栗子头顶切 2 厘米豁口，烤箱 190℃，上下火，烤 10 分钟。

还有简单方便的法子，栗子洗净，顶部切 2 厘米左右的小口，烤箱 190℃，上下火，15 分钟，栗子便烤好了。

每一颗都已裂口，用手轻轻一剥，一整颗饱满的栗子便滚了出来。迫不及待热乎乎地入口，不加任何调味料，只有来自山野的满口甘甜软糯。如此新鲜原味，

甩大街上的糖炒栗子几条街。

冬日的夜晚，守着一大盘烤栗子，不停嘴。

贪吃而满足，俨然回到小时候。

小时候，我最爱去二姨家小住。

二姨家在绵延千里的燕山山脉脚下。大山里的一片小村落，日出而作，日落而息。因着大山的遮挡，每到下午四点过后，太阳便落山了，一道道袅袅炊烟升起，寂静而安宁。

二姨的家是三间瓦房，小院整洁利落，菜园里青菜成畦，院墙低矮。山里人淳朴，不用筑起高高的院墙防备着，有些人家甚至是用一排篱笆围起了院子。

出了二姨家的院门口，便是一条清澈见底的小河，河对岸的大山崖壁陡峭，令小小的我望而却步。

二姨很疼我，连带着左邻右舍的叔叔婶子们也对我另眼看待。每年去小住的那几天，总有热心的邻居送来各式新鲜玩意儿。

右邻的婶子送过来一盆油豆，山里人有时也叫它地下核桃，原是榨油用的。状如花生豆，我最爱嚼着吃，甜甜的像椰浆，嚼到只剩渣滓，吐掉，继续。我离开时，二姨总会包好一大捧油豆，塞我怀里，让我带回家吃。

左边隔壁的大伯，从河里捕了一网活蹦乱跳的小河虾，拎着网子隔墙递过来。二姨割一把菜园里的韭菜一同炒了，我和表姐吃得不亦乐乎。

姨夫攀上对面的那座大山，总会采来一把把的榛子。我坐在院子里，捡了块小石头，砸开，一口一个，鲜甜无比。虽然直到现在也不认识榛子树，可我吃过最新鲜有味的榛子。

当然，最常见的是野生蘑菇，采回来当晚便洗净清炒，鲜美无比。

让人惊艳的，还有那一片醉人的黄花。还记得，去往二姨家的山路上，漫山遍野的黄花开得灿烂，让年纪小小的我也禁不住流连。那时，是万万不会将它与黄花菜联系到一起的。见过了黄花新鲜盛放的样子，及至后来看到干瘪枯黄的黄花菜，便只觉唏嘘。

大山里的时日，是童年最美好欢快的记忆。

春天，采一把荠菜芽或是蕨菜，轻焯水，拌了蒜泥、醋或是豆瓣酱，就是无上美味。

夏季，是孩子们最开心的时候，下河摸小鱼，上山摘野果。盛夏的雨后清晨，表姐约了小伙伴一起去采蘑菇，我屁颠颠跟在她们身后。猫着腰沿一棵棵松树下找过去，总能收获满满，每个小蘑菇的发现都是一次惊喜。更有使坏的男孩子们，捉到蝗虫、青蛙，直接在河堤边生了火，烤得喷香。

秋日，遍地金黄，一派丰收的热闹。遍布枝头的野酸枣，随手摘了便扔进嘴里。人们在半山腰的田地间忙碌，玉米、花生、黄豆、小米，沉甸甸的庄稼被一辆辆牛车拉回家。整个村庄都沉浸在隐隐的喜悦中。

冬天，是难得的闲时节。大人们炒了热乎乎的瓜子、花生作为聊天消遣。又取十几颗在零下几十度的室外冻过的花盖梨，放到一盆冷水里，激得表面结一层厚厚的冰，把冰剥掉，丰盈多汁的冰梨就做好了。咬开一个小口，吸溜一下，汁水满满，又甜又凉，这是那个年代廉价而美味的吃食。一帮小孩子裹成棉球，踩着厚厚的积雪上山，小松鼠在缀满雪的枝头跳跃，小孩子们欢快地跑跳，看谁能摘到最大的松塔。

在我，是乐趣。在他们，是生活。

所谓原生态，我以为不过如此。

一晃二十多年过去，我在帝都雾霾爆表的天气里，收到来自山中亲人最朴素的礼物。那简单快乐的童年时光，就这样扑面而来。

一念起，便汹涌成思乡的愁绪，弥散在这茫茫城市里。

嫁一个人，就是嫁给一方风土

就如嫁人是嫁给他的家庭一样，嫁一个人也是嫁给一方风土。

从此，你过的是他的年，你体会的是他身边的人情，你生活的是他的世界。

遍布南北的大迁徙，我们亦不能免俗。老一辈人传统，始终接受不了在故土之外的地方过年。我们，便每年都是携家带口，带着俩娃和一车的年货奔回老家。

新丸爸的老家，是一个北方海滨小城。说是海滨，却离海边的港口还有半小时车程，嫁过来这么多年，至今我也没见过那边的海。海鲜倒是吃了不少，最普遍的皮皮虾、对虾自不必说，黄花、平鱼等各色鱼类也是餐桌常见。

螃蟹，本地最出名的是石榴黄，据说是因为蟹黄像石榴一样爆出来而得名。新丸爸经常边流口水边怀念小时候用超大号盆装螃蟹，怎么都吃不完的情景。只是近些年，已经很难买到真正的石榴黄了。

公婆习惯早起，常去逛清早的海鲜市场，拎回来一兜兜鲜活的小海鲜，如八代、马口、吉头、雌鱼、塔嘛尖，变着花样来，该煎的煎、该炒的炒、该白灼的白灼、该清蒸的清蒸，大早上便吃了个新鲜。

要识得一个地方的风土，最直接的就是逛那些接地气的地儿，比如菜市。下图是这个海滨小城市场里的价签，有没有感受到迎面扑来那股咸咸的海风气息？

看了价目表，瞬间被一个名字吸引住视线：丑眼。

被这个名字丑哭了。作为一个吃货，见鲜不尝怎么可能？麻溜儿地买了回家，跟公婆讨教做法。

丑眼看起来像就鱿鱼的婴儿期，问了度娘，信息极少，比对了下，和青岛等地同样出自渤海湾的笔管鱼非常像。笔管鱼，也有人叫它海兔子、日本枪乌贼，不知与丑眼是否同属一物。

我买的丑眼很袖珍。小八带和丑眼比起来，简直就是巨无霸。

将丑眼洗净，把中间一根像薄塑料片样子的抽出来，开水汆烫，变色即捞出。

小海鲜都适合与韭菜同炒。锅中入油，烧热，将韭菜炒软，下入氽烫好的丑眼，加薄盐，翻搅几下即可出锅，切不可过火。入口鲜嫩无比。

新丸爸说，在他小时候，会把韭菜炒丑眼吃剩下的菜汤冲入白开水，就是一碗鲜美的海鲜汤了。如今知道这种吃法不健康，忍了又忍。

嫁给一方风土，就像打开了一个新世界。

不是自己熟悉的模样，一切都新鲜，却也别有趣味。

给远嫁的姑娘，回不去的家乡

我的家乡有句老话：出门饺子进门面。

每到儿女或亲人出远门，必是一锅热腾白胖的饺子送行。带了亲人的挂念，吃饱喝足再上路，才不孤单。

小时候，大人们包饺子时，我就去帮忙。小孩子不会包，就只能擀皮。擀得像模像样时，大人们就取笑："真是大姑娘啦，擀皮擀得这么好，将来嫁人了，婆婆就不嫌弃啦。"

一晃二十多年过去，我真的在大年三十晚上，继续把饺子皮擀得又薄又圆，得心应手。

只是，身边的人已不再是父母，而是有模有样包饺子的小新哥哥和小丸子妹妹。

再难回当初听到取笑会害羞的小姑娘。

比起那些一南一北的婚姻来说，我嫁得不算远，还在同一个省呢。

饶是这样，也是风俗迥异。单说说饺子。

娘家大年三十晚上的饺子，是羊肉韭菜馅的，滋味鲜美，极好吃。

妈妈擅长捏掐花儿的饺子。煮饺子时，我守在锅边，指给爸爸看："爸，有

个饺子破了。”爸爸纠正我，年三十要说吉利话，要说饺子“开了”。

煮好盛出，我可以吃掉一大碗，如果吃到了提前包进去的硬币，会开心得跳起来。

婆家大年三十吃的饺子叫“年五更饺子”，做馅儿颇为讲究：不能沾一点荤腥，要用洗净烫好的菜板、菜刀剁馅，把油条、豆腐、香干、干豆皮、粉条、白菜、姜末细细剁了，用芝麻油调馅。要把饺子包得大小都有，美其名曰“爷爷孙子”，想必是寓意多子多福。吃起来别有一番风味。

只是，于我而言，滋味略显寡淡，最多不过吃三五个而已。

每年三十晚上，都像缺了点什么。可能是因为小时候的味蕾记忆，到了这个时刻便不知不觉跑出来。

快过年的时候，有个新婚一年的朋友问我：过年怎么安排，去男方家里还是女方家里？她第一次面临这种选择。

对于远嫁的姑娘而言，过年就成了思乡情绪最浓的时刻。

都说过年回乡。

回乡，回乡，只是，终究回不去我的家乡。

好物知时节，不妨耐心一等

几年前，和同事去湖北宜昌竞标。

整天窝在酒店里改方案，没日没夜。饿了，就下楼到酒店内的餐厅填饱肚子。

小城市、小酒店里自营的餐厅，仍是上世纪 90 年代的陈设风格，想来也不能抱什么期待。

没想到，一顿下来，吃了个肚儿圆，味道让人惊艳。此后，每顿饭都将这里作为据点儿。

两个菜是必点的，其一是排骨藕汤。

简陋的酒精炉，上面一个双耳不锈钢大炖锅，就这样整锅端上来。满满一锅的排骨藕汤滚开着，热气蒸腾。汤泛着浅紫色，排骨软烂在汤中，大块的藕穿杂其中，软糯无比，入口即化。喝上一碗，满足到心尖上。

食材够地道，连这不入流的小餐厅也能做出鲜美滋味。

湖北的冬季，阴冷得不能忍。太阳始终隔着一层雾蒙蒙的纱，惨兮兮地照在人身上，聊胜于无。偶尔飘着些雨丝，更加冻手冻脚，从心底里透出冷意，一整天都暖不过来。然而自从有了排骨藕汤的陪伴，便觉这冬天也可爱了几分。

排骨与藕真是绝配。但，一定要是湖北的藕，一定要是九孔的粉藕。在帝都买过多次，都找不到想要的味道。

某个冬天，正怀着二宝，挺着巨肚，又怀念起几年前的那一口排骨藕汤。馋而不得，抓心挠肝。

有湖北的朋友寄了一箱过来，一根藕近乎娃娃的手臂那么长，裹着润湿的淤泥，剥开来洁白光滑。

排骨放入冷水锅煮沸去血水（湖北本地的做法是不氽水的，而是反复换水浸泡，以去除血水）。藕切成滚刀大块，加少量盐拌匀，腌制十多分钟。二者同入砂锅炖了，无需更多调味料，只加姜片、葱段、料酒即可。

小火慢炖，满室飘香。待藕粉肉烂汤浓，加入盐、香葱末、香菜末调味。迫不及待舀起一勺，嗯，就是这个味儿。

这份飨足感，让人一整天都欣喜。

另一个必点的菜，便是红菜苔了，蒜蓉、清炒都可。

作为一个极度怕冷的北方姑娘，湖北的冬天简直要了亲命了。恨不能每天都把自己扮成“熊样”。但在我看来，冬天仍有个好处——有红菜苔可吃。

对于好食者来说，菜市是个充满无限可能的去处。在那里，有预先计划好的食材在等着你，更在不同季节有各式新鲜货等你发现。

初冬，就是红菜苔出没在菜市的时候了。眼尖的我，总会一眼发现它。这是我最爱的青菜。在这个季节，只要去了菜市必买，我一个人可以干掉一盘。

红菜苔是湖北、四川等地特产，而优质红菜苔只产在洪山，若迁地移植，不仅颜色不同，口味也有差异。它已成名千载，在唐代就是著名蔬菜一枚，向来是湖北进贡给皇帝的土特产，被封为“金殿玉菜”，与武昌鱼齐名。据说，苏东坡兄妹就曾为一食红菜苔而在武昌逗留几日，待品尝过之后才尽兴而去。

可现在，如我一般的寻常百姓，花上十来块便可拎一把鲜嫩的红菜苔回家。紫红伴着青翠的一把，顶部开着嫩黄的小花。剥掉根部的老皮，洗净。连茎带叶，斜切成长段。热油，加一小撮蒜末爆香，倒进红菜苔翻炒三四分钟即可。出锅前再加一小撮蒜末、一小勺盐、几滴芝麻油调味。

入口脆嫩爽滑，带着独有的微苦回甘。如此简单的烹调，却滋味美极。

喝藕汤，吃菜苔，这是冬季餐桌的最佳搭配。也只有这个季节的藕才够粉，菜苔才够嫩。

好物知时节。

时候不到，即使勉力追求，到手了也难免味道不对。时候到了，水到渠成，好东西自然就来了。

可能世间万物也是如此。不妨耐心一等。

有一种美好，叫做“正当时”。愿你等到最应季的菜，更等到正当时的人。

嗨，很高兴遇见你

AFTERWORD 代后记

最近，身边多了好多新朋友。

今天不做菜，咱就着午后阳光唠唠嗑吧。

作为一个懒散的俩娃妈，照顾俩娃的吃喝拉撒睡之余，原本时间就所剩无多。

又任性得很，再留出一些时间给那些无用的事情：下厨做做饭啦，看看美食书啦；偶尔再摆弄出快递拆完的泡沫箱，撒上土种一盆鲜嫩的小白菜、小油菜啦；捧一小把香椿籽温水泡着，一日十看，盼它们发芽，心中默默计划着是拌豆腐呢，还是拌豆腐丝呢……

这就是小主妇的日常，时间简直各种不够用。生活怎么这么充实?

有时候死宅，有时候懒散，大多时候热爱生活，见一朵花开都心生欢喜，偶尔也会消极低落，极度怀疑自己。

开心了写写字，不开心了做做饭，没有大追求、大视野，过的不过是小生活、小日子。

在本该是黄脸婆围着尿布和灶台转的日子里，居然将年轻时都未敢显现的文艺女青年特质发挥了个淋漓尽致，感谢新丸爸的包容和朋友们的鼓励。

因为朋友们的前敲打后鞭策，暗地里又感动中国式的吆喝，小棠菜居然也因为写了些美食文章而渐渐迎来了好多新朋友。

一位朋友说，友情也是老天的馈赠。

说到了心坎儿里。友情、亲情、爱情，皆是如此。笨拙地一路走着，却总是会遇到这样一些可爱的人。

很多年前诸事不顺时，我也会心存怨念：为什么我要背负的比同龄女孩多那么多?

如今回想，原来老天在设置一道障碍的同时，也安排了那么多人一路陪伴。

玩笑地想，我是“招贵人”体质，何其有幸呢。

昨日谷雨，春天的最后一个节气。随着一场春雨，天地间都滋润了起来。

春风拂面，微凉，可因着这些美好的遇见，让人心里暖暖的。

五年前的母亲节。

阵痛了 24 小时，又在产房内经历了半小时撕心裂肺的疼痛后，有那么一瞬间，我以为自己熬不过去了。深夜空荡荡的产房里，小新哥哥“哇”地一声哭，让我痛得恍惚的意识瞬间清醒。

我的小朋友，终于来到我身边了。

护士将他放在离我一米多远的台子上称重。他赤裸着粉嫩的小身体，手脚蜷缩着躺在那里，黑漆漆的眼静静望着我。从不知婴儿也会有这样安静的眼神。

医学上讲，新生儿的视力不足二十厘米。可我认定，他一定是看到了我的。

疼痛了整整 24 小时，一声未哭喊的我，突然落下泪来。

只想对他说：嗨，我的小男子汉，很高兴遇见你。

大约两年半前。

凌晨两点破水，二宝提前一个月发动了，打了我一个措手不及。镇定地打了急救电话后，让妈妈简单帮我收拾了待产包。

两位急救人员从救护车上抬下我，一路推着进了急诊室。第一次躺着进医院，这视角感受很奇特。

凌晨三点，医院顶上的天空黑黢黢的，一粒星子都不见。

心中忐忑而惶恐。

急诊室观察完毕后，病房爆满，最后，直接是一张床摆在走廊一侧。走廊里皆是等待的准爸爸们。

输着催产素，不规律的阵痛时时袭来，蜷缩在病床上，等着新丸爸从千里之外飞回来。哪里还顾得上尊严。

整个人是半昏迷状态，不知道时间过去了多少，满脑子都是一个字——疼。

下午一点多，小丸子妹妹出生。

还差一个月到预产期，算是个早产儿。错过了长脂肪的最后一个月，身体瘦得让人心疼。

产房里，刚刚出生的她趴在我的胸口，闭着双眼，泛紫的皮包骨头的手指紧紧勾住我的小指。

想必也知道，这是值得她全心依赖的人吧。

看着她小小的褶皱成一团的脸，只想告诉她：嗨，亲爱的小姑娘，很高兴遇见你。

那是八年前了。

第一次见面，我和他约在地坛旁的小馆子。服务员上菜时，不小心将盘子摔到了地上，碎片崩到我的腿上，血立刻渗了出来。

他不慌不忙从包里掏出一片创可贴。我惊讶：“你怎么会有这玩意儿？”他淡定：“嗯，一会儿我们去滑冰嘛，估计你可能受伤，就带着了。”

一语成谶。

进了溜冰场还不足十分钟，初学的我一个没站稳，拉着他一起摔倒了。

因为双手被他牢牢牵着，没办法支撑缓冲一下，我一张大脸直接 Pia 到了冰面上。

火辣辣的疼。一阵头晕后回过神来，第一反应是回头朝他笑：“没事儿，你别担心。”

许久之后他回忆说，那个笑容，要多惊悚有多惊悚。

我摔掉了一颗门牙，牙龈撕裂，满嘴是血。

他说，就在那一刻，觉得这姑娘挺好的，不矫情，特善良。

更戏剧性的在后面。我们从地坛赶到了天坛医院，医生第一句问：“牙呢？”

他傻眼：“呃，还在溜冰场。”

于是，留我在急诊室外，肿着一张脸等。

他从天坛又赶回地坛，发动整个溜冰场的人满地找牙，终究是被他给找到了，泡在牛奶里送回医院。

第一次见面，就血泪交加、满地找牙，这缘分也是没谁了。

如今，这颗牙好好地待在我的嘴里，吃甜品、啃鸭脖样样不落，算是牙中幸福的那一颗。

他也好好地待在我身边，修东西、被娃耍，算是男人中过得幸福的那一类吗？回头我问问当事人。

八年过去，有吵有闹有欢笑。

庆幸的是，我们仍牵手一起。

很想告诉他：嗨，新丸爸，很高兴遇见你。

经常，我会窃喜，如我一般笨拙的人，怎么会如此好运呢？

总是会有这么多美好的遇见和陪伴。

至今仍记得大学宿舍推开门的那刻，七个姑娘，个性迥异，却从此紧密相连。

毕业后的第一个合租房，与两个女孩子，一起做饭、嬉闹、熬夜、赖床，初历生活的模样。

进入公关行业的第一位老师，平时笑眯眯，工作时严厉，经常半夜被一个审稿的电话叫起，噼里啪啦一通猛批，然后从每个段落开始告诉我怎样修改。往往在默然落泪一顿后，不服气地擦干眼泪，泡杯速溶咖啡，连夜改出来。清晨抹一把脸后，抱着打印好的稿子赶往活动现场。

生活不是电视剧，哪里有那么多职场的勾心斗角，部门的姐姐们对我照顾有加，如今成了彼此珍视的朋友。

许久未见的闺蜜发来一张几年前共同野游的照片，我们已各为人母，一起憧憬未来六个人十来个娃的日子。

生完二宝，辞职在家，原本以为会封闭的生活，却遇见了更多新朋友，随他们而来的新世界，甚至比之前还精彩。

这些人，这些事，都是老天的馈赠吧。

正在写这篇文章的时候，公众号后台蹦出一条新消息，一位新朋友说："遇见你真好。"

不由得笑了。那一刻的心意相通，或许就是写这么多碎碎念的意义。

所以，这正是我想说的：嗨，朋友们，很高兴遇见你。

图书在版编目（CIP）数据

就爱你好好吃饭的样子 / 小棠菜著 . -- 南京 : 江苏凤凰科学技术出版社 , 2017.10
ISBN 978-7-5537-3556-6

Ⅰ . ①就… Ⅱ . ①小… Ⅲ . ①菜谱 Ⅳ . ① TS972.12

中国版本图书馆 CIP 数据核字 (2017) 第 213048 号

就爱你好好吃饭的样子

著　　者　小棠菜
责任编辑　谷建亚　沙玲玲
责任校对　郝慧华
责任监制　曹叶平　周雅婷

出版发行　江苏凤凰科学技术出版社
出版社地址　南京市湖南路 1 号 A 楼，邮编：210009
出版社网址　http://www.pspress.cn
印　　刷　江苏凤凰印务有限公司
开　　本　787mm × 1092mm　1/16
印　　张　13
字　　数　300 000
版　　次　2017 年 10 月第 1 版
印　　次　2017 年 10 月第 1 次印刷
标准书号　ISBN　978-7-5537-3556-6
定　　价　48.00 元

图书如有印装质量问题，可随时向我社出版科调换。